APP UI

设计手册

（第2版）

写给设计师的书

刘丽 ◎ 编著

清华大学出版社
北京

内 容 简 介

本书是一本全面介绍 APP UI 设计的图书，特点是知识易懂、案例易学，在强调创意设计的同时，应用案例博采众长，举一反三。

本书从学习 APP UI 设计的基础知识入手，由浅入深地为读者呈现出一个个精彩实用的知识、技巧。本书共分 7 章，内容分别为 APP UI 设计的原理、APP UI 设计的基础知识、APP UI 设计的基础色、APP UI 设计的元素、APP UI 设计的行业分类、APP UI 设计的风格、APP UI 设计秘籍。同时，本书还在多个章节中安排了案例解析、设计技巧、配色方案、设计欣赏、设计实战、设计秘籍等经典模块，既丰富了本书内容，也增强了实用性。

本书内容丰富、案例精彩、版式设计新颖，既适合从事 APP UI 设计、平面设计、广告设计、网页设计等专业的初级读者学习使用，也可以作为大中专院校平面设计专业及平面设计培训机构的教材。此外，还非常适合喜爱平面设计和 APP UI 设计的读者参考使用。

图书在版编目 (CIP) 数据

APP UI 设计手册 / 刘丽编著 . —2 版 . —北京：清华大学出版社，2023.7（2024.7 重印）
（写给设计师的书）

ISBN 978-7-302-63892-6

Ⅰ . ① A… Ⅱ . ①刘… Ⅲ . ①移动电话机－应用程序－程序设计－手册 Ⅳ . ① TN929.53-62

中国国家版本馆 CIP 数据核字 (2023) 第 110999 号

责任编辑：韩宜波
封面设计：杨玉兰
责任校对：徐彩虹
责任印制：丛怀宇

出版发行：清华大学出版社
   网   址：https://www.tup.com.cn，https://www.wqxuetang.com
   地   址：北京清华大学学研大厦 A 座   邮 编：100084
   社 总 机：010-83470000   邮 购：010-62786544
   投稿与读者服务：010-62776969，c-service@tup.tsinghua.edu.cn
   质量反馈：010-62772015，zhiliang@tup.tsinghua.edu.cn
印 装 者：小森印刷霸州有限公司
经 销：全国新华书店
开 本：190mm×260mm   印 张：13.25   字 数：322 千字
版 次：2018 年 7 月第 1 版 2023 年 8 月第 2 版   印 次：2024 年 7 月第 2 次印刷
定 价：69.80 元

产品编号：097279-01

前言
FOREWORD

　　本书是笔者从事 APP UI 设计工作多年的一个经验和技能总结，希望通过本书的学习可以让读者少走弯路，寻找到设计捷径。书中包含了 APP UI 设计必学的基础知识及经典技巧。本书不仅有理论和精彩的案例赏析，还有大量的模块启发读者的思维，锻炼读者的创意设计能力。

　　希望读者看完本书后，不只会说"我看完了，挺好的，作品好看，分析也挺好的"，这不是笔者编写本书的目的。希望读者会说"本书给我更多的是思路的启发，让我的思维更开阔，学会了举一反三，知识通过消化吸收、变成了自己的"，这才是笔者编写本书的初衷。

本书共分 7 章，具体安排如下。

　　第 1 章　APP UI 设计的原理，介绍了 APP UI 设计的概念，用户体验，点、线、面，尺寸与规则，设计的原则，设计的法则，是最简单、最基础的原理部分。

　　第 2 章　APP UI 设计的基础知识，其中包括 UI 与色彩、APP UI 设计的布局。

　　第 3 章　APP UI 设计的基础色，介绍红、橙、黄、绿、青、蓝、紫、黑、白、灰 10 种颜色，逐一分析讲解每种色彩在 APP UI 设计中的应用规律。

　　第 4 章　APP UI 设计的元素，其中包括标志、图案、色彩、字体、导航栏、主视图、工具栏。

　　第 5 章　APP UI 设计的行业分类，其中包括 9 种不同行业的 APP UI 设计的详解。

　　第 6 章　APP UI 设计的风格，其中包括 12 种不同的视觉印象。

　　第 7 章　APP UI 设计秘籍，精选 14 个设计秘籍，可以让读者轻松、愉快地了解、掌握创意设计的干货和技巧。本章也是对前面章节知识点的巩固和提高，需要读者认真领悟并思考。

本书特色如下。

　　◎ 轻鉴赏，重实践。鉴赏类图书注重案例赏析，但读者往往看完还是设计不好，本书则不同，增加了多个动手的模块，让读者可以边看边学边练。

◎ 章节合理，易吸收。第 1~3 章主要讲解 APP UI 设计的基础知识；第 4~6 章介绍 APP UI 设计的元素、行业分类、风格等；最后一章以轻松的方式介绍 14 个设计秘籍。

◎ 由设计师编写，写给未来设计师看。了解读者的需求，针对性强。

◎ 模块丰富。案例解析、设计技巧、配色方案、设计欣赏、设计实战、设计秘籍都能在本书中找到，一次性满足读者的所有求知欲。

◎ 本书是系列图书中的一本。在本系列图书中，读者不仅能系统地学习 APP UI 的设计知识，而且还可以全面了解创意设计规律和设计秘籍。

本书希望对知识的归纳总结、丰富的模块讲解，能够打开读者的设计思路，启发读者主动多做尝试，在实践中融会贯通、举一反三，从而激发读者的学习兴趣，开启创意设计的大门，帮助读者迈出创意设计的第一步，圆读者一个设计师的梦！

本书以二十大提出的推进文化自信自强的精神为指导思想，围绕国内各个院校的相关设计专业进行编写。

本书由刘丽编著，其他参与本书内容编写和整理工作的人员还有杨力、王萍、李芳、孙晓军、杨宗香等。

由于编者水平有限，书中难免存在错误和不妥之处，敬请广大读者批评和指正。

编　者

目录
CONTENTS

第3章

APP UI设计的基础色

第 4 章 |||||||||||||||||||||||||||

APP UI 设计的元素

第5章

APP UI 设计的行业分类

第 6 章 IIIIIIIIIIIIIIIIIIIIIIIIIIIII

APP UI 设计的风格

第 **7** 章 ||||||||||||||||||||||||||||||||

APP UI 设计秘籍

第  章

APP UI 设计的原理

  UI 的全称为 User Interface，直译就是用户界面，通常可理解为界面的外观设计，实际上还包括用户与界面之间的交互关系。我们可以把 UI 设计定义为软件的人机交互、操作逻辑、界面美观的整体设计。

  一个优秀的设计作品，需要符合以下几个设计标准：产品的有效性、产品的使用效率和用户主观满意度。延伸开来，还包括产品的易学程度、对用户的吸引程度以及用户在体验产品前后的整体心理感受等。

1.1 APP UI 设计的概念

APP UI 设计是指对移动端的人机交互、操作逻辑、界面美观的整体设计，通过互联网链接的 UI 设计被称为虚拟 UI。

UI 设计主要包括图形设计、交互设计、用户测试。应用的外观与内在通过图形设计来体现，以应用中的操作过程、与用户的沟通、吸引用户继续使用为交互设计，在一个应用 UI 设计完成之后，要投放到市场上进行测试，再通过测试反馈的结果进行相应的改正。

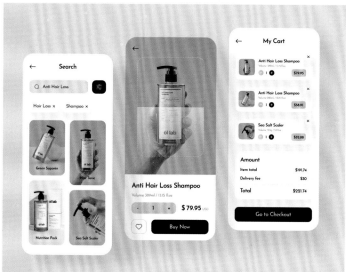

1.2 APP UI 与用户体验

APP UI 设计是人机互动过程中的一个重要环节，泛指移动设备上的操作界面。UI 界面是用户与移动端中的应用程序进行交互的界面，用户使用移动端时，从屏幕上看到的就是 UI 界面。设计 UI 界面时要考虑到心理学、设计学、语言学等方面内容。

用户体验从广义上来说，就是用户在使用产品的过程中的体验效果及主观感受。随着互联网的快速兴起，科技领域中的用户体验主要集中在用户的主观感受、动机、价值观等方面，通过人机交互技术深入到人们的日常生活中。

UI 与用户体验是相辅相成的，设计师要考虑到用户体验，将艺术与科技相结合，使用户尽可能地与手机软件进行交互。

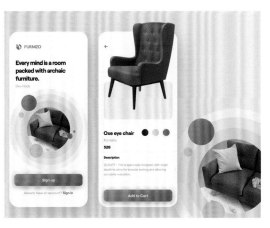

1.3 APP UI 设计的点、线、面

众所周知，点、线、面是艺术设计中的基本表现手法，是 UI 设计中的骨骼。下面介绍这三大基本元素。

◎1.3.1 点

点在平面设计中，不是人们狭义上理解的一个点，而是在屏幕上相对线、面更小的面积。在设计时，不要被固定思维限制住，点可以是文字、图形等，前提是需要与界面中的其他元素进行比较。

◎1.3.2 线

线既是由点的运动所形成的轨迹，又是面的边界。在平面设计中，线的意义也不

仅仅是线，例如由点组成的虚线、一长串的文字、由图形组成的线等，这些都可以称为线。不同轨迹的线可以表现出不同的视觉效果，例如横线给人一种延伸感，曲线具有一定的柔软感，等等。

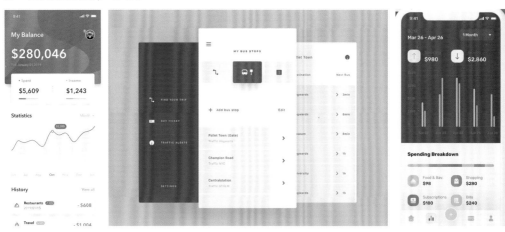

◎1.3.3　面

面是线移动的轨迹，具有长度和宽度，却没有厚度。在 UI 设计中，将点和线进行扩张就可以获得面。面可以说成是点的扩大，点更多强调的是界面结构，面则是强调形状面积。

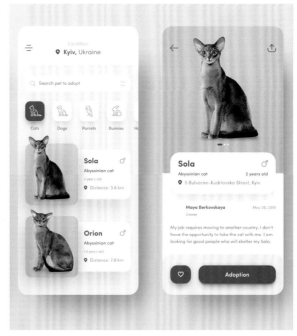

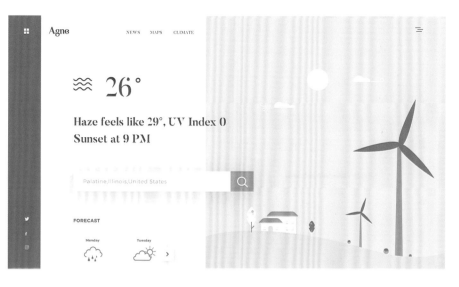

1.4 尺寸与规则

如今市面上较为流行的手机系统为 IOS 和 Android，这两个系统各有各的好处。

Android 系统是开源的，所以在此基础上，手机制造商可以开发出更加适合自己产品的 ROM。但是由于版本的不统一，各式各样的都有，其界面会比 IOS 的丰富。而 IOS 所有东西都是集成的，系统具有稳定性和实时性，用户体验也比较好。

◎ 1.4.1　IOS

1. 尺寸

iPhone 手机的型号不同，其屏幕大小也不同。为了避免在设计过程中出现不必要的麻烦，我们要对手机的尺寸进行了解，如表所示。

设　备	分 辨 率	PPI	状态栏高度	导航栏高度	标签栏高度
iPhone6P、6SP、7P	1242px × 2208px	401ppi	60px	132px	146px
iPhone6–6S–7	750px × 1334px	326ppi	40px	88px	98px
iPhone5–5C–5S	640px × 1136px	326ppi	40px	88px	98px
iPhone4–4S	640px × 960px	326ppi	40px	88px	98px
iPhone&iPod Touch 第一代、第二代、第三代	320px × 480px	163ppi	20px	44px	49px

由于尺寸过多，所以建议以 640px × 960px 或 640px × 1136px 为基础去适配 iPhone 4、iPhone 5、iPhone 6；以 1242×2208px 的尺寸去设计 iPhone 6 Plus、iPhone 6S Plus、iPhone 7 Plus。

2. 界面构成

iPhone 的 App 界面一般由四部分组成，分别是状态栏、导航栏、主菜单栏、内容区域。由于不同机型的屏幕尺寸略有差别，所以界面各组成部分的尺寸也不一样。

◆ 状态栏：就是我们经常说的信号、运营商、电量等显示手机状态的区域。

◆ 导航栏：显示当前界面的名称，包含相应的功能或者界面间的跳转按钮。

◆ 内容区域：展示应用提供的相应内容，在整个应用中布局变更最为频繁。

◆ 主菜单栏：类似于界面的主菜单，提供整个应用分类内容的快速跳转功能。

◎1.4.2 Android

Android 是一种具有自由及开放源代码的操作系统，主要使用于移动设备，如智能手机和平板电脑。

应用 Android 系统的手机非常多，根据需求，Android 系统被设计为可以在多种不同分辨率设备上运行的操作系统。在了解设计规范之前，我们必须先了解一些专有名词和单位。

（1）ppi(pixels per inch)。数字影像的解析度，意思是每英寸所拥有的像素数量，即像素密度。ppi 不是度量单位。对于屏幕来说，ppi 越大，屏幕的精细度越高，屏幕看起来就越清楚。在手机 UI 设计中，ppi 要与相应的手机匹配，因为低分辨率的手机无法满足高 ppi 图片对手机硬件的要求。

（2）dip(density-independent pixel)。dip 也表示为 dp，是 Android 系统开发用的长度单位，与屏幕密度无关，程序可以转换相应的像素长度，以适配不同的屏幕。1dip 表示在屏幕像素点密度为 160ppi 时 1px 的长度。

（3）分辨率。分辨率是指平面水平和垂直方向上的像素个数，一般为像素宽度乘以像素高度，例如分辨率为 480×800，就是指设备水平方向有 480 个像素点，垂直方向有 800 个像素点。

（4）px(pixel)。即像素，是指屏幕上的点。当我们把一张图片放大到数倍之后，就能够看见像素块。

（5）sp(scaled pixels)。即放大像素，主要用于字体显示。一般建议字号最好以 sp 作为单位。

（6）屏幕尺寸。屏幕尺寸是指屏幕的对角线长度，而不是手机的整体面积。

随着手机样式的逐渐增多，UI 的适配要求也越来越精准。UI 适配主要受屏幕尺寸（屏幕的像素宽度及像素高度）和屏幕密度这两个因素的影响。

屏幕大小	低密度（120）	中等密度（160）	高密度（240）	超高密度（320）
小屏幕	QVGA（240×320）		480×640	
普通屏幕	WQVGA400（240×400） WQVGA432（240×432）	HVGA（320×480）	WVGA800（480×800） WVGA854（480×854） 600×1024	640×960
大屏幕	WVGA800*（480×800） WVGA854*（480×854）	WVGA800*（480×800） WVGA854*（480×854） 600×1024		
超大屏幕	1024×600	1024×768 1280×768W×GA（1280×800）	1536×1152 1920×1152 1920×1200	2048×1536 2560×1600

1.5　App UI 设计的原则

App UI 设计要遵循一定的原则，在设计前需要考虑为什么要设计 UI，怎样设计才能吸引用户、增加用户的使用频率等，这样才会设计出更加实用美观的手机界面。App UI 设计有四大原则，即突出性原则、商业性原则、趣味性原则、艺术性原则。

◎1.5.1　突出性原则

突出性原则是指将手机界面中的信息，通过重心型的版式设计，给出一个突出的主体物，使人们的注意力被冲击力较强的图形或文字所吸引。

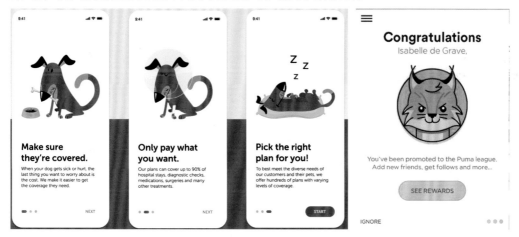

◎1.5.2　商业性原则

目前一款好的手机应用要具有盈利性，在 IOS 系统的应用商店中，有的应用需要付费才能下载。Android 系统的开放式源代码，能使应用开发的成本降低，通过下载量可以决定一个应用的商业价值。而 UI 设计能给人以直观的视觉感受，先通过优秀的 UI 设计吸引用户下载，然后通过良好的交互体验留住用户。

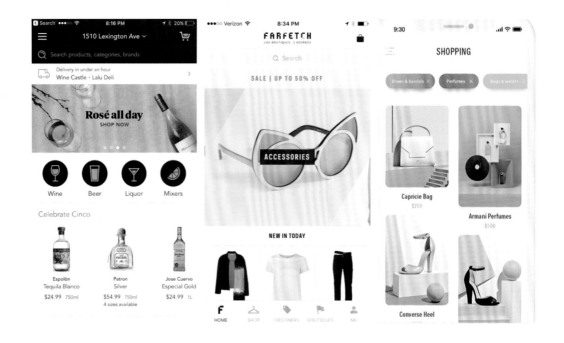

◎ 1.5.3　趣味性原则

　　UI 设计需要呈现出令人回味、趣味无尽的界面，这就是趣味性原则。通过界面的设计激发人的观赏兴趣，使手机应用的生命力更加长久。

◎ 1.5.4　艺术性原则

　　艺术性原则是指通过形象的设计体现手机应用的主体，给人一种直观的视觉感受。同时在 UI 设计中要考虑到实用性，因为 UI 设计是面向用户的，要考虑大多数用户的使用习惯。

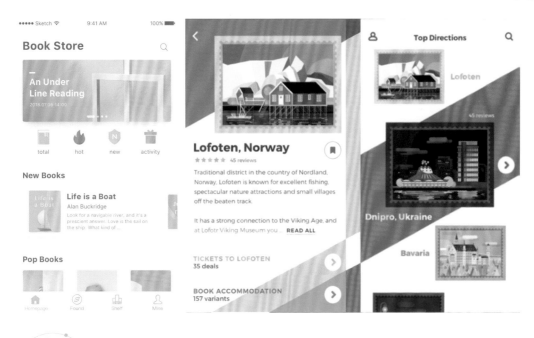

1.6 APP UI 设计的法则

APP UI 设计是为了满足用户对手机界面的审美需求和功能体验，APP UI 设计有五大法则，即形式美法则、平衡法则、视觉法则、联想法则、直接展示法则。

◎ 1.6.1 形式美法则

形式美是一种独立性较强的审美，其法则在 APP UI 设计中主要表现为对称与统一、节奏与韵律等。

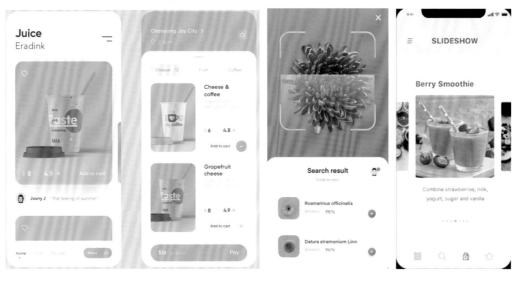

◎ 1.6.2　平衡法则

随着时代的发展，移动端的界面变得越来越大。因此，版式布局在设计中越来越重要。版式布局不仅要把所有的功能放进去，而且要通过导航栏、工具栏、状态栏等区域的版式布局，将屏幕面积进行合理划分，给人舒适的视觉效果。

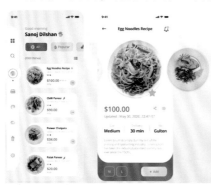
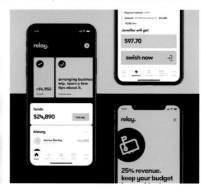

◎ 1.6.3　视觉法则

APP UI 界面中的视觉法则主要通过色彩、图案、标志来体现，这些要素只要搭配合理，就能够有效地吸引人们的注意力。将实物虚拟成手机界面中的图像，带给人们安全、清新、科技、浪漫、扁平化、拟物化等视觉感受。

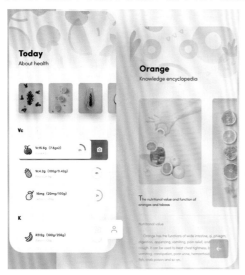

◎ 1.6.4　联想法则

联想法则就是通过对现实生活中的物品进行联想，并在此基础上进行APP UI设计。这种设计方式可以体现设计师丰富的想象力，增强艺术形象的表现力，使屏幕界面更美观。例如，对图标的设计，不管拟物化还是扁平化，都是将生活中人们的普遍认知进行合理的想象与设计。

◎1.6.5 直接展示法则

直接展示法则就是将信息直接展示在手机界面上，通过图形与文字的结合，让用户直接观看到其功能用途，给人一种直观的视觉感受。下方的例子基本以图形为主要显示方式，通过图形展现出功能信息。

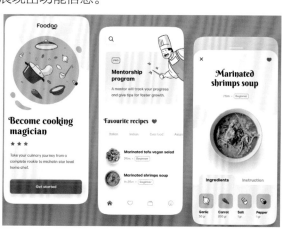
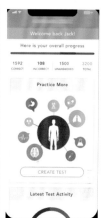

第 2 章 APP UI 设计的基础知识

一个好的 UI 设计不仅可以使软件变得更有个性和品位，还可以使软件的操作变得更加舒适、简单、自由，充分体现软件的定位和特点。

随着互联网时代的腾飞与手机、平板电脑等移动端的迅速崛起，界面设计师的需求量也日益增加，从事界面设计的"美工"也随之被称为"UI 设计师"或"UI 工程师"。其实，软件界面设计就像工业产品中的工业造型设计一样，是建立在科学性基础之上的艺术设计，是产品的重要卖点，一款产品拥有美观的界面会给人带来舒适的视觉享受，拉近人与商品的距离。本章主要从颜色、版式两方面进行讲解。

2.1 UI 与色彩

色彩是十分重要的设计元素，是主观上的一种行为反应，在客观上是一种刺激现象和心理表达。色彩最大的整体性就是画面的表现，把握好整体色彩的倾向，再去调和色彩的变化，才能做到更有具体性。色彩是一种诉说人情感的表达方式，对人的心理和生理都会产生一定的影响。在设计中，可以利用人对色彩的感受来创造富有个性层次的画面，从而使设计更加突出。

红——780 ~ 610nm

橙——610 ~ 590nm

黄——590 ~ 570nm

绿——570 ~ 490nm

青——490 ~ 480nm

蓝——480 ~ 450nm

紫——450 ~ 380nm

颜色	频率	波长
紫色	668 ~ 789 THz	380 ~ 450 nm
蓝色	630 ~ 668 THz	450 ~ 475 nm
青色	606 ~ 630 THz	475 ~ 495 nm
绿色	526 ~ 606 THz	495 ~ 570 nm
黄色	508 ~ 526 THz	570 ~ 590 nm
橙色	484 ~ 508 THz	590 ~ 620 nm
红色	400 ~ 484 THz	620 ~ 750 nm

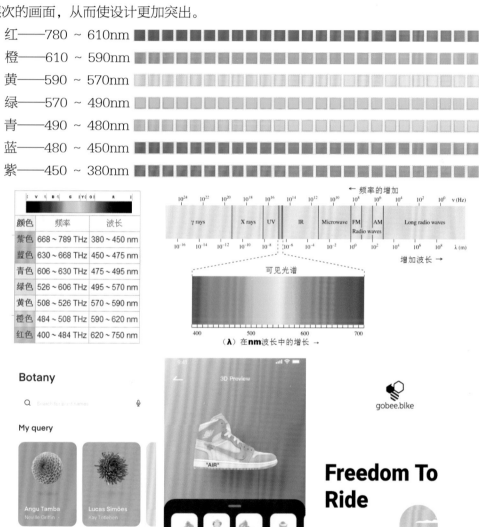

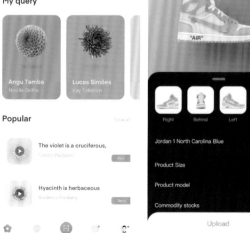

◎2.1.1 色相、明度、纯度

色彩的属性是指色相、明度、纯度三种性质。

色相是指颜色的基本相貌，它是色彩的首要特征，是区别色彩最精确的准则。色相又是由原色、间色、复色所组成的。而色相的区别就是由不同的波长所决定的，即使是同一种颜色也要分不同的色相，如红色可分为鲜红、大红、橘红等，蓝色可分为湖蓝、蔚蓝、钴蓝等，灰色又可分红灰、蓝灰、紫灰等。人眼可辨出大约100多种不同的颜色。

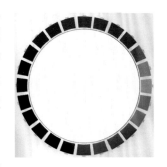

明度是指色彩的明暗程度，明度不仅表现为物体的照明程度，还表现在反射程度的系数上。明度又可分为9个级别，最暗为1，最亮为9，并划分出下述3种基调。

◆ 1~3级为低明度的暗色调，给人一种沉着、厚重、忠实的感觉。

◆ 4~6级为中明度色调，给人一种安逸、柔和、高雅的感觉。

◆ 7~9级为高明度的亮色调，给人一种清新、明快、华美的感觉。

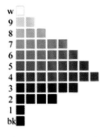

纯度是指色彩的饱和程度，也指色彩的纯净程度。纯度在色彩搭配上具有强调主题和意想不到的视觉效果。纯度较高的颜色虽可给人造成强烈的刺激感，能够使人留下深刻的印象，但也容易造成疲倦，要是与一些低明度的颜色相配合则会显得细腻舒适。纯度也可分为下述3种基调。

◆ 高纯度——8~10级为高纯度，可使人产生一种强烈、鲜明、生动的感觉。

◆ 中纯度——4~7级为中纯度，可使人产生一种适当、温和的平静感觉。

◆ 低纯度——1~3级为低纯度，可使人产生一种细腻、雅致、朦胧的感觉。

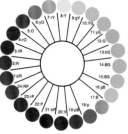

◎2.1.2 主色、辅助色、点缀色

APP UI 设计必须注重色彩的全局性，而不要使色彩偏向于一个方向，否则就会使空间失去平衡感。APP UI 设计通常由主色、辅助色、点缀色组成。下面就对此一一进行介绍。

1. 主色

主色能够确定一款 APP 的主体基调，并发挥主导作用；能够令整体空间看起来更为和谐，是空间中不可忽视的一部分。一般来说，设计中占据面积比例最大的颜色即为主色。

2. 辅助色

辅助色可以补充或辅助手机界面主体色的色彩，它可以与主色是邻近色，也可以是互补色，不同的辅助色会改变空间蕴含的情感，使人获得不一样的视觉效果。

3. 点缀色

点缀色是在界面中占有极小部分面积的色彩，这种色彩具有多变性，既可点缀整体造型效果，又能够烘托整个应用的设计风格，彰显出自身特有的魅力。点缀色可以理解为点睛之笔，是整个设计的亮点所在。

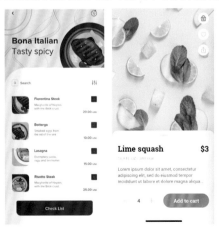

◎2.1.3 邻近色、对比色

邻近色与对比色在 APP UI 设计中运用比较广泛，设计过程中恰当地运用邻近色与对比色不仅可以突出功能性，还可以用色彩来表现界面的丰富景象。与不同的元素相结合，能够完美地展现出界面的魅力所在。

1. 邻近色

从美术的角度来说，邻近色在相邻的各个颜色当中能够看出彼此的存在，你中有我，我中有你；在色相环中，两种颜色之间相距 90° 以内，色相彼此相近，色彩冷暖性质相同，具有一致的情感色彩。

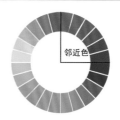

2. 对比色

对比色是人的视觉感官所产生的一种生理现象，是视网膜对色彩的平衡作用。两种颜色在色相环中相距 120° ~ 180° 。

2.2 APP UI 设计的布局

布局设计是现代设计艺术的重要组成部分，是视觉传达的重要手段。从表面上看，它是一种关于编排的学问；实际上，它不仅是一种技能，更实现了技术与艺术的高度统一。布局设计是现代设计者所必备的基本功之一。

布局设计是指设计人员根据设计主题和视觉需求，在预先设定的有限版面内，运用造型要素和形式原则，根据特定主题与内容的需要，将文字、图片及色彩等视觉传达信息要素，进行有组织、有目的的组合排列的设计行为与过程。常用的布局方式有很多，主要包括对称式、曲线式、倾斜式、中轴式、文字式、图片式、自由式、背景式、水平式、引导式。

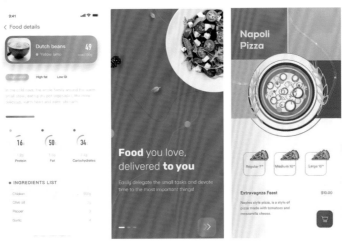

◉ 2.2.1　对称式

在 UI 设计中，可以将界面进行"对称"分割。对称式的布局既能使人产生一种稳定、安全的感觉，又可给人一种均衡的感觉。这里需要注意，对称式的布局可能会使界面变得比较古板，因此需要对图案、色彩等进行艺术处理。

◉ 2.2.2　曲线式

曲线式的版式设计可以使界面变得更有活力，使其产生节奏感和韵律感。设计中适当运用曲线，可使整个界面变得更加圆滑、柔和。相较于其他版式，它具有一种灵活性与生动性，并可以设计出更新奇的界面。

◎ 2.2.3　倾斜式

　　倾斜式的版式设计可以表现强烈的动态美，吸引用户的注目与阅读。只是倾斜式并不意味着设计时可以随意地倾斜，否则会造成版面的不稳定。设计时，可以通过图片文字的排列、颜色的深浅变化等方式进行有秩序的版式排列。

◎ 2.2.4　中轴式

　　中轴式的版式设计是将主要内容进行集合，采用水平、垂直的方式进行排列。它可以充分地利用手机屏幕的空间，使空间呈现出紧凑感。根据方向不同，可以分为水平方向和垂直方向。水平方向符合人们的一般阅读习惯，给人一种稳定的感觉；垂直方向可使人们的目光向下移动，获得一种动态的效果。

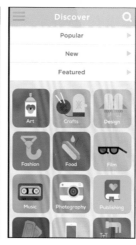

◎ 2.2.5　文字式

　　文字式的版式设计是一种以文字为主体，图片为辅助设计元素的设计方式。新闻类、工具类等应用多采用文字式的版式布局。通过图文结合给用户传递最新的信息，使用户可以生动、详细地了解到最新的新闻。

◎2.2.6　图片式

图片式界面多用于相册界面与新闻应用中的图片新闻等软件。现在的智能手机已经具备背面双摄功能，尤其是女性用户喜欢拍照，相册应用可以根据时间及特定要求进行排列归纳。而新闻应用中的图片新闻，通过滑动图片可以查看，也可以通过点击下方缩略图查看。

◎2.2.7　自由式

自由式版式设计可以理解为一种没有限制的设计方式，将界面中的图文信息以一种自由方式排列，打破了固有的版式模式。自由式排列也体现出一定的主从关系顺序，给人一种平衡感。浅色的背景可以保证界面的整洁性，而文字、图形则有相应的针对性。

◎2.2.8　背景式

背景式的版式设计，多以图片作为界面的背景，多应用在欢迎页和登录界面上。使用贴近应用的图片，可给用户一种如身临其境般的代入感。

◎2.2.9　水平式

水平式的版式设计可以使杂乱无章的图文变得井然有序，方便用户快捷地看到相应的信息。在 APP UI 设计中常使用这种版式布局，将界面空间矛以充分利用。文字、图片、标题在相应的位置让用户一目了然，使用户更便捷、高效地浏览界面内容。

◎2.2.10　引导式

引导式的版式设计是将界面中琐碎的元素进行整合，主要通过图形、文字内容和色彩对用户产生引导作用。引导式版式设计具有很强的秩序感、逻辑性和指示性，并将信息按照关键词进行整理分类，可以使用户很快找到所需的信息。

第3章 APP UI 设计的基础色

红\橙\黄\绿\青\蓝\紫\黑、
白、灰

基础色在 UI 设计中占有举足轻重的地位，不同色彩的界面可带给人不同的视觉体验，使用户感受到人性化的设计理念。UI 设计的基础色主要分为红、橙、黄、绿、青、蓝、紫、黑、白、灰。

3.1 红

◎ 3.1.1 认识红色

红色：红色是一种象征着温暖、热情的颜色。强烈的色彩运用到手机软件的界面设计中，对人们的视觉可产生一定的冲击力，给人一种热情、激情的感觉。红色可以表达热情、开朗的情感，还可以起到标识、警告、提醒的作用。

色彩情感：火热、希望、温暖、喜气、积极、危险、警告等。

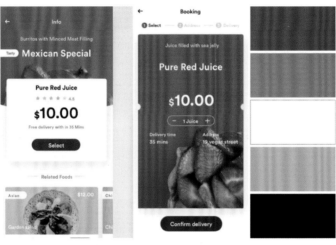

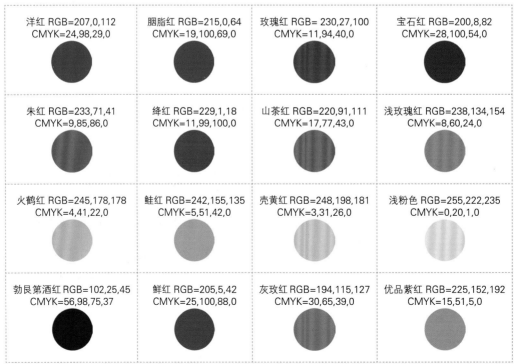

洋红 RGB=207,0,112 CMYK=24,98,29,0	胭脂红 RGB=215,0,64 CMYK=19,100,69,0	玫瑰红 RGB=230,27,100 CMYK=11,94,40,0	宝石红 RGB=200,8,82 CMYK=28,100,54,0
朱红 RGB=233,71,41 CMYK=9,85,86,0	绛红 RGB=229,1,18 CMYK=11,99,100,0	山茶红 RGB=220,91,111 CMYK=17,77,43,0	浅玫瑰红 RGB=238,134,154 CMYK=8,60,24,0
火鹤红 RGB=245,178,178 CMYK=4,41,22,0	鲑红 RGB=242,155,135 CMYK=5,51,42,0	壳黄红 RGB=248,198,181 CMYK=3,31,26,0	浅粉色 RGB=255,222,235 CMYK=0,20,1,0
勃艮第酒红 RGB=102,25,45 CMYK=56,98,75,37	鲜红 RGB=205,5,42 CMYK=25,100,88,0	灰玫红 RGB=194,115,127 CMYK=30,65,39,0	优品紫红 RGB=225,152,192 CMYK=15,51,5,0

◎3.1.2 洋红 & 胭脂红

① 本作品为移动应用程序——音乐播放器界面设计。该界面着重突出了音乐播放的含义。

② 以洋红作为背景色,中间的浅粉色突出了音符的图标,给人一种一目了然的感觉。

③ 图标中的音符与暂停键符号可以让用户直观地了解软件的用途。

① 本作品为移动应用程序——果汁销售界面设计。该界面主要以销售草莓汁为主。

② 草莓本身就是红色的,在白色背景下突出了红色的瓶装草莓汁,在周围点缀了草莓,更加体现了果汁的属性。

③ 可以通过软件购买果汁,虚化的草莓给人一种透视感,使整个界面更富有立体感。

◎3.1.3 玫瑰红 & 宝石红

① 本作品为移动应用程序更新界面设计。该界面展现出应用信息的变化。

② 玫瑰红作为界面主色调,打造出明快、时尚、优雅的视觉效果。

③ 下方白色的使用使文字信息更加突出、醒目,使信息表述更加清晰,可以更好地传递信息。

① 本作品为移动应用程序——美食探访界面设计。该图为登录欢迎界面。

② 宝石红与洋红色作为背景色搭配,形成同类色对比,给人一种统一、和谐的感觉,使整个界面呈现出时尚、热情的风格。

③ 首页由品尝美食的人物形象作为主体,直截了当地表达 APP 的主题与性质,易获得用户的喜爱。

◎3.1.4 朱红&绛红

① 本作品为金融储蓄应用界面设计。通过曲线与折线的不同表现出不同时段的收支情况，给人一种直观、鲜明的感觉。

② 在视觉上以朱红色作为主色，淡灰蓝色作为辅助色，形成色彩纯度的变化，缓和了大面积暖色带来的视觉刺激感。

③ 客户通过不同时期折线的波动获取产品与应用信息，加深了对 APP 的了解与认知。

① 本作品为移动应用程序——美食互动界面设计。以食材作为背景图像进行展示，丰富了界面的层次感。

② 以绛红色作为主色，浓郁、鲜艳的色彩占据大部分版面，形成较强的视觉刺激；同时暖色调的属性可以带来热情、火热的视觉体验，活跃界面气氛。

③ 居中构图使版面更显均衡、稳定，同时信息表述清晰、主次分明，便于步骤信息的详细讲解，使用户获得更多的烹饪技巧与知识。

◎3.1.5 山茶红&浅玫瑰红

① 本作品为移动应用图标——阅读软件设计。

② 山茶红给人一种温暖热情的感觉，激起人们热爱阅读的想法，增加人们对阅读的兴趣。

③ 圆形的图标给人一种圆滑感，山茶红作为背景，突出书籍的形状，书籍图案上的书签与书脊的形状使得图标更加形象生动。

① 本作品为美食制作交流平台设计。界面主要以列表的形式展示不同的材料与步骤——讲解蛋糕的制作方法。

② 浅玫瑰红的色彩纯度适中，具有柔和、优雅的意味，作为应用的主色使用，使整个界面呈现出浪漫、甜蜜的视觉效果。

③ 黄色与紫色作为点缀色使用，增添了梦幻、清新、明快的气息，使应用更显年轻化、时尚化。

◎3.1.6　火鹤红 & 鲑红

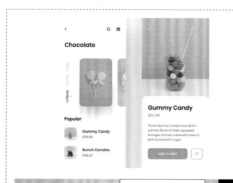 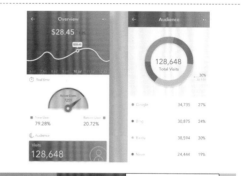

❶ 本作品为甜品销售移动端界面设计。通过规整有序的构图将产品实物与信息予以展现。

❷ 以火鹤红与淡紫色进行搭配，通过较低纯度色彩的使用，打造出淡雅、温柔的界面风格，为消费者带来惬意、舒适的视觉体验。

❸ 大面积摄影照片的展示，使用户可以清楚地了解产品，获得更加完善的使用感受，同时便于产品宣传。

❶ 本作品为一款 APP 的用户访问量的相关数据统计界面设计。通过曲线与统计图可以直观、清晰地了解不同时段用户的访问量。

❷ 鲑红色与玫瑰红之间的渐变过渡使界面更具浪漫、梦幻的视觉效果，丰富了画面的视觉表现力，使界面更加吸睛。

❸ 曲线与圆形图案的使用增强了界面的轻盈感与灵动感，使整体画面更加活跃。

◎3.1.7　壳黄红 & 浅粉色

❶ 本作品为香水电子商务平台应用设计。本界面为产品详情展示与购买页。

❷ 壳黄红作为界面主色调，色彩柔和，给人一种温柔、淡雅的感觉，充满浪漫的法式气息。

❸ 不同包装的香水产品清晰地展示在界面中，让人一目了然，便于消费者选购。

❶ 本作品为网购零售平台应用设计。

❷ 界面以浅粉色为主色，通过白色与浅粉色的搭配，形成明亮、轻快的界面色调，给人一种纯净、温柔、清新的感觉。

❸ 此界面为商品购买页设计，界面下方不同的色块体现出产品色号的不同，方便消费者挑选、购买。

◎3.1.8　勃艮第酒红 & 鲜红

❶ 本作品为一家电商平台 APP 设计。本界面为耳机产品详情页。

❷ 勃艮第酒红给人一种沉稳的感受，同时表现出产品的高端与品位，体现出产品的档次。

❸ 界面中的信息部分以白色作为背景色，使信息可以更加顺利地传递给用户，便于消费者进行购买。

❶ 本作品为移动应用程序——网上商城购物界面设计。本界面为商品分类的界面。

❷ 以白色作为底色，通过红色圆形中的图案，可以显示出每个区域的分类。用户可以根据自己的需求选择想要购买的东西。

❸ 九宫格平均排列的界面，给人以干净整齐的视觉效果。

◎3.1.9　灰玫红 & 优品紫红

❶ 本作品为移动应用程序——日记界面设计。

❷ 通过颜色区别日期，当天的日期为万寿菊黄，其他日期为灰玫红，给人一种沉稳、安全的感觉。作为日记应用，安全隐私应最先考虑。

❶ 本作品为移动应用程序——实时健康检测界面设计。本界面为用户详情界面。

❷ 优品紫红色与薰衣草紫色形成自然的渐变过渡，给人一种梦幻、典雅、轻盈的感觉。

❸ 界面中心的曲线图采用白色与深紫色进行搭配，形成明度的对比，同时深紫色的运用增强了画面的视觉重量感，丰富了淡色调画面的色彩层次与视觉表现力。

3.2 橙

◎3.2.1 认识橙色

　　橙色：橙色是欢快活泼、生机勃勃、充满活力的颜色，也是收获的颜色。将这种颜色运用到 UI 设计中能给人一种眼前一亮的感觉。橙色在界面中可以给人带来温暖，也会带给人希望。橙色还象征着健康、成熟、幸福。

　　色彩情感：温暖、明亮、华丽、健康、兴奋、成熟、生机、尊贵、标志等。

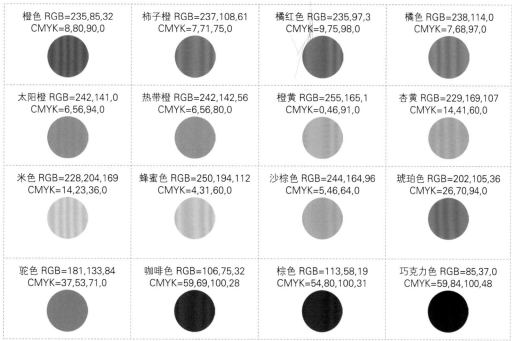

橙色 RGB=235,85,32 CMYK=8,80,90,0	柿子橙 RGB=237,108,61 CMYK=7,71,75,0	橘红色 RGB=235,97,3 CMYK=9,75,98,0	橘色 RGB=238,114,0 CMYK=7,68,97,0
太阳橙 RGB=242,141,0 CMYK=6,56,94,0	热带橙 RGB=242,142,56 CMYK=6,56,80,0	橙黄 RGB=255,165,1 CMYK=0,46,91,0	杏黄 RGB=229,169,107 CMYK=14,41,60,0
米色 RGB=228,204,169 CMYK=14,23,36,0	蜂蜜色 RGB=250,194,112 CMYK=4,31,60,0	沙棕色 RGB=244,164,96 CMYK=5,46,64,0	琥珀色 RGB=202,105,36 CMYK=26,70,94,0
驼色 RGB=181,133,84 CMYK=37,53,71,0	咖啡色 RGB=106,75,32 CMYK=59,69,100,28	棕色 RGB=113,58,19 CMYK=54,80,100,31	巧克力色 RGB=85,37,0 CMYK=59,84,100,48

◉3.2.2　橙色 & 柿子橙

❶ 本作品为移动应用程序——定时器界面设计。

❷ 不同纯度的橙色的渐变效果使画面色彩层次更加丰富，画面更具视觉表现力，并给人一种明快、鲜活的感觉。

❶ 本作品为宠物救助 APP 界面设计。通过可爱的动物形象吸引用户访问。

❷ 柿子橙的色彩纯度相较于橙色较低，因此更显柔和、温馨，与该应用的目的相同，给人留下了亲切、信任的印象。

❸ 界面背景中的手绘建筑与猫咪照片形成二维与三维的互动，增强了画面的视觉表现力与感染力。

◉3.2.3　橘红色 & 橘色

❶ 本作品为移动应用程序——手机小游戏界面设计。本图为游戏命令界面。

❷ 橘红色、橙黄色与铬黄色三种暖色调色彩形成邻近色搭配，给人一种明媚、温暖、欢快的感觉，符合应用的主题与风格。

❸ 白色线条图案的设计简约而形象。通过简化的手段将具体物体符号化，使图形更具识别度与代表性。

❶ 本作品为移动应用程序——手机温度保护界面设计。本图为用户手机实时温度显示界面。

❷ 橘色与橙黄色的渐变过渡丰富了底部温度计展示效果。同时两种高明度的暖色调的应用具有警示、提醒的作用，有利于提醒用户对于手机温度安全的重视。

❸ 大面积白色的使用给人一种清爽、简单的感觉，使界面信息更加清晰、醒目。

◎3.2.4　太阳橙 & 热带橙

❶ 本作品为移动应用程序——游戏界面设计。本图为游戏评分界面。

❷ 以阳橙色作为背景，给人一种暖意。整个界面布局颜色基本是同色系的，给人一种简洁明了的感觉。

❸ 手游过关后会有评分界面，界面布局简单，但该有的功能都不缺失，让玩家可以直观地了解上一关游戏的相关数据。

❶ 本作品为移动应用程序——秒表设计。本图为秒表应用的界面。

❷ 通过颜色的变化，把背景分为三个部分，同色系的渐变，使得空间富有层次感。

❸ 界面用形象的时钟来计时，也有准确的数据记录，可以同时记下多个记录，具有强大的功能性。

◎3.2.5　橙黄 & 杏黄

❶ 本作品为一款生鲜电商应用设计。本图为生鲜选购界面。

❷ 橙黄色与白色的搭配形成明亮、温暖的视觉效果，可以很好地吸引用户目光，刺激食欲。

❸ 少量绿色的点缀，赋予画面生机与活力，使整体版面更加鲜活。

❶ 本作品为移动应用程序——用户主页设计。界面通过简单、可爱的视觉元素，为用户带来惬意、舒适的使用体验。

❷ 杏黄色作为画面主色，给人一种明媚、轻松、温馨的感觉。

❸ 主次分明、规整有序的界面布局有利于用户点击浏览，获得更多信息。

◎3.2.6　米色 & 蜂蜜色

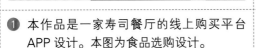

① 本作品是一家寿司餐厅的线上购买平台 APP 设计。本图为食品选购设计。

② 整体的浅色基调尽显界面的简洁，突出产品信息，给人一种素雅的视觉感受。

③ 该应用版面简洁、直观，简单直接地展示不同食物信息，便于消费者选择购买。

① 本作品为移动应用界面——锁屏显示界面。

② 本图的屏幕保护图片，以蜂蜜色为主，明亮的黄色半圆好似远方的太阳，从地平面升起，给人一种积极向上的感受。

③ 屏保作为屏幕的保护，主要是以图片为主，功能上主要是时间、日期等基本的功能。

◎3.2.7　沙棕色 & 琥珀色

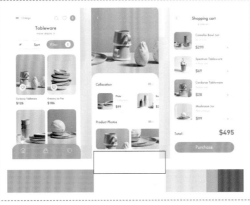

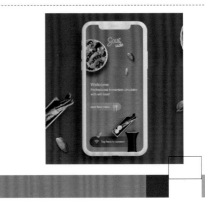

① 本作品为购物电商平台应用设计。本图为产品购买界面。

② 白色背景与沙棕色搭配，通过两种高明度色彩的运用，形成明亮、洁净的界面效果，给人一种舒适、通透的感觉。

③ 产品实物摄影照片的使用与下方简洁明了的信息介绍便于消费者了解产品。

① 本作品为美食分享应用设计。本图为欢迎界面设计。

② 界面中不同食物分别位于左上角与右下角的位置，形成对角线分布，给人一种相互呼应的感觉，增强了画面元素的互动性。

③ 琥珀色作为界面背景色，色彩明度与纯度适中，令人联想到食物烹饪时的糖色，更显美味可口。

◎3.2.8　驼色 & 咖啡色

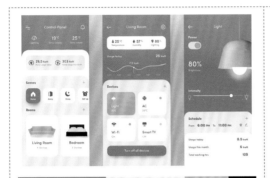

❶ 本作品为移动应用程序——智能用电监测界面设计。本图为不同空间与时间的用电量数据展示。

❷ 驼色作为界面的主色，给人一种沉稳、大方的感觉。

❸ 整体颜色给人一种稳重、大方的感觉，很好地诠释了家居空间的安全感。

❶ 本作品为移动应用程序——线上咖啡购买平台应用设计。

❷ 界面以巧克力色与浅茶色进行搭配，通过明暗对比，形成色彩的层次感，增强了界面的视觉吸引力。

❸ 咖啡色的色彩明度较低，纯度较高，可令人联想到咖啡的色泽与口感，产生香醇、浓厚、细腻的想象。

◎3.2.9　棕色 & 巧克力色

❶ 本作品为移动应用程序——咖啡店的移动端界面设计。该界面满足了咖啡爱好者的沟通与信息共享需求，咖啡店同时可以进行自我宣传，该界面为产品详情页。

❷ 因为是咖啡店的移动应用，所以采用了棕色作为主色，白色作为辅助色进行搭配，给人一种大气、醇厚的感觉。

❶ 本作品为移动应用程序——地图界面设计。

❷ 巧克力色作为背景色，给人一种大地的感觉。在黄色街道位置旁着重突出了位置标签的图标，明明白白地表明该软件是一款地图导航应用软件。

❸ 地图软件作为现代人必备的软件之一，已经不仅仅是简单的地图，更具备多功能导航系统、出行路线规划等功能，使应用更加人性化，更方便用户使用。

3.3 黄

◎3.3.1 认识黄色

黄色：黄色是色相环中最明亮的色彩，有着金色的光芒。黄色也象征着尊贵与地位，可以彰显非比寻常的气质与品位。黄色可以使人产生一种快乐、活泼的视觉感受，并营造出温暖的环境氛围。

色彩情感：辉煌、轻快、华贵、希望、活力、冷淡、高傲、敏感等。

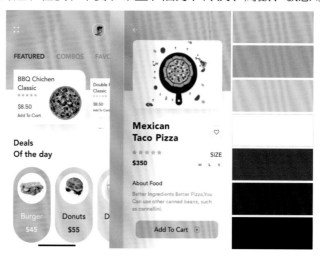

黄色 RGB=255,255,0 CMYK=10,0,83,0	铬黄 RGB=253,208,0 CMYK=6,23,89,0	金色 RGB=255,215,0 CMYK=5,19,88,0	柠檬黄 RGB=241,255,78 CMYK=16,0,73,0
含羞草黄 RGB=237,212,67 CMYK=14,18,79,0	月光黄 RGB=255,244,99 CMYK=7,2,68,0	香蕉黄 RGB=240,233,121 CMYK=13,7,62,0	香槟黄 RGB=255,249,177 CMYK=4,2,40,0
金盏花黄 RGB=247,171,0 CMYK=5,42,92,0	姜黄色 RGB=244,222,111 CMYK=10,14,64,0	象牙黄 RGB=235,229,209 CMYK=10,10,20,0	奶黄 RGB=255,234,180 CMYK=2,11,35,0
那不勒斯黄 RGB=207,195,73 CMYK=27,21,79,0	卡其黄 RGB=176,136,39 CMYK=39,50,96,0	芥末黄 RGB=214,197,96 CMYK=23,22,70,0	黄褐色 RGB=196,143,0 CMYK=31,48,100,0

◎3.3.2 黄色＆铬黄

① 本作品为移动应用程序——云备份界面设计，其主要作用是帮助人们在网络上备份手机中的照片、短信、电话本等。

② 黄色的云朵，通过叠层相加，给人一种层次感，使整个图标更加充满立体感，使图标形象更有内涵。

① 本作品为移动应用程序——健身爱好者界面设计，可帮助用户及时了解自身的情况。

② 在界面中运用铬黄色，给人一种积极向上的感觉，让人对健身充满动力与激情。

③ 本软件通过对用户多角度的了解，对数据进行了详细分析，使用户可以更加详细地了解自己的身体情况。

◎3.3.3 金色＆柠檬黄

① 本作品为移动应用程序——航班应用界面设计，本图为详细的航班信息界面。

② 明亮的金色给人一种积极向上的感觉。以金黄色作为界面主色，使人一目了然，更清楚不同的航班信息。

① 本作品为移动应用图标——备忘录，主要是帮助人们记录事件的。

② 明亮的柠檬黄的界面给人一种清新亮丽的视觉效果，具有提醒的效果，与同色系的辅助色相搭配，使得图标变得柔和。

◎3.3.4　含羞草黄 & 月光黄

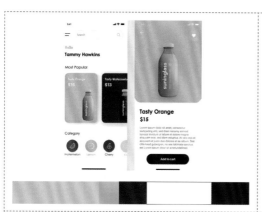

❶ 本作品为移动应用程序——饮品购买平台界面设计。

❷ 含羞草黄的颜色给人一种特别醒目的感觉，整个界面有一种明显的提示感。

❸ 整个空间布局简约、清晰，饮品占据大部分版面，便于消费者选购。

❶ 本作品为移动应用程序——家具销售界面设计，本界面为沙发的详情页。

❷ 本界面的家具为高明度的月光黄的单人沙发，所以背景也采用同样的黄色，与白色相结合，给人一种清新明亮的感觉，更加突出沙发的色彩。

❸ 在界面上有该沙发的用户评价、价格，用户还可以对物品进行收藏。

◎3.3.5　香蕉黄 & 香槟黄

❶ 本作品为移动应用程序——养成习惯界面设计，主要帮助人们养成一个习惯。

❷ 以香蕉黄为主，同色系拼接在一起，在视觉上呈现出一种层次感、立体感。

❸ 本软件帮助人们养成一个良好的习惯，用户可以把自己要做的事情，记录在应用上，规定完成时间，在固定的时间会提醒用户做相应的事情。

❶ 本作品为移动应用程序——虚拟键盘。

❷ 香槟黄作为整个键盘的背景，呈现出一种暖意，使得键盘不会过于空旷，也更加清晰的划分出各个按键的区域。

❸ 对于全屏幕的智能手机，基本没有实体的键盘，都是通过触摸屏幕上的虚拟键盘进行输入。

◎ 3.3.6 金盏花黄 & 姜黄色

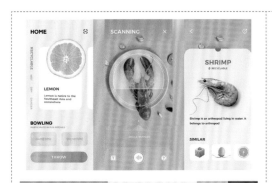

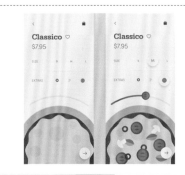

❶ 本作品为移动应用界面——知识科普界面设计。

❷ 以金盏花黄作为主色，给人一种阳光、耀眼、绚丽的感觉。

❶ 本作品为移动应用程序——手机信息界面设计，主要用于查看手机实时使用数据。

❷ 姜黄色给人一种温馨的感觉，起到一种提示作用，提醒用户有事情需要去做。

◎ 3.3.7 象牙黄 & 奶黄

❶ 本作品为移动应用程序——外送服务界面设计。本图是订单信息界面。

❷ 低纯度的象牙黄色色彩柔和、朴实，给人一种温柔、细致、安静的感觉，具有较好的舒缓情绪的作用。

❶ 本作品为移动应用程序——饮品制作的应用界面设计，主要显示饮品的配方及饮品制作的步骤。

❷ 奶黄色作为界面的背景色，呈现一种素雅的视觉效果；白色仿佛一个便利贴，上面写着该饮品的制作方法，给人一种简洁方便的感觉。

❸ 通过滑动箭头，就可以知道各种饮品的制作方法，再配以简单的图片，获得了直观的视觉效果。

◎3.3.8 那不勒斯黄 & 卡其黄

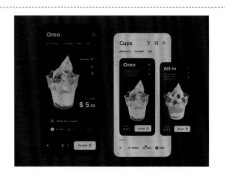

❶ 本作品为冰淇淋线上购买应用设计。本界面为产品详情页。

❷ 那不勒斯黄与黑色两种低明度色彩搭配，给人一种含蓄、高端的感觉。以此说明该产品不同于其他产品的不同之处。

❸ 清晰的产品图像具有较强的视觉吸引力，可以很好地刺激消费者的食欲。

❶ 本作品为移动应用程序——球类运动界面设计。

❷ 整个图标以卡其黄为背景，给人一种大地的感觉，表示球类运动是挥洒汗水的运动。三条斜线给人一种动态感，使整个图标变得更有活力。

◎3.3.9 芥末黄 & 黄褐色

❶ 本作品为移动应用程序——英语学习交流应用界面设计，本图是应用的首页界面。

❷ 芥末黄给人的感觉是黄色中带着绿色。简单的界面布局给人一种干净、素雅的感觉，可以让用户更加专心地学习。

❸ 界面突出了白色的图标及登录的区域，使用户可以快捷地了解应用的功能，也方便用户使用。

❶ 本作品为移动应用桌面插件——登录框界面设计，主要是方便用户快捷地登录账户。

❷ 黑色的背景界面，搭配黄褐色的滑动按键，给人一种高贵、大气的感觉。

❸ 本应用需要记住账户和密码，以方便用户的使用。而记住密码更能保护自己的隐私。

3.4　绿

◎ 3.4.1　认识绿色

　　绿色：绿色是一种表现和平友善的中间色，具有稳定性，能起到缓解疲劳、舒展心情的作用。其更代表希望和清新，象征着生命力旺盛，给人带来活力。绿色在大自然中最常见，多看绿色也可以保护视力。

　　色彩情感：生命、和平、清新、希望、成长、安全、自然、生机、青春、健康、新鲜等。

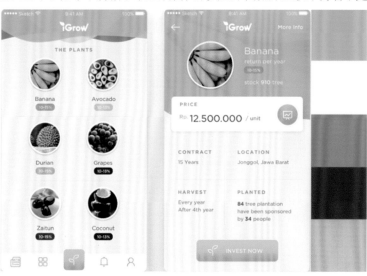

黄绿 RGB=196,222,0 CMYK=33,0,93,0	叶绿 RGB=134,160,86 CMYK=55,29,78,0	草绿 RGB=170,196,104 CMYK=42,13,70,0	苹果绿 RGB=158,189,25 CMYK=47,14,98,0
嫩绿 RGB=169,208,107 CMYK=42,5,70,0	苔藓绿 RGB=119,133,8 CMYK=62,42,100,2	奶绿 RGB=195,210,179 CMYK=29,12,34,0	钴绿 RGB=106,189,120 CMYK=62,6,66,0
青瓷绿 RGB=123,185,155 CMYK=56,13,47,0	孔雀绿 RGB=0,128,119 CMYK=84,40,58,0	铬绿 RGB=0,105,90 CMYK=89,50,71,10	翡翠绿 RGB=21,174,103 CMYK=75,8,76,0
粉绿 RGB=130,227,198 CMYK=50,0,34,0	松花色 RGB=167,229,106 CMYK=42,0,70,0	竹青 RGB=108,147,95 CMYK=64,33,73,0	墨绿 RGB=15,53,24 CMYK=90,64,100,52

◎3.4.2　黄绿 & 叶绿

① 本作品为移动应用程序——果汁销售界面
设计。本界面着重介绍了苹果汁。

② 苹果本身就是绿色的，在白色背景下突出
了黄绿色的瓶装苹果汁，在周围点缀了苹
果，更加突出了果汁的属性。

③ 可以通过软件购买果汁。右图为果汁所包
含的成分含量。

① 本作品为移动应用程序——植物购买界面
设计。本界面是商品详情页。

② 叶绿色作为界面主色调，给人一种生机盎
然，充满生命力的感觉，搭配白色进行设
计，使整个版面更显清爽、鲜活。

③ 该应用的出现方便了用户，便于用户对于
办公或生活空间的装饰。

◎3.4.3　草绿 & 苹果绿

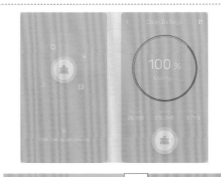

① 本作品为移动应用程序——农产品数据分
析界面设计。本界面为果园产量与规格数
据统计图。

② 以草绿色为主色调，白色为背景色，不
同纯度的绿色进行搭配，给人一种鲜活、
饱满、自然的感觉。

③ 饼图与折线图以及详细的数据便于使用
者进行统计、分析，从而获得更好的种
植方法。

① 本作品为移动应用程序——系统清理界
面设计。

② 苹果绿接近自然色可以使人心情放松，清
理手机内存中的垃圾，绿色给人一种安全感，手
机没有感染网络病毒，经过清理到 100%，
说明手机非常健康，系统没有任何问题。

③ 下滑界面就可以进行清理，对于用户来
说是很方便的，清理完会总结清理的结
果，体现手机的智能化、人性化。

◎3.4.4　嫩绿 & 苔藓绿

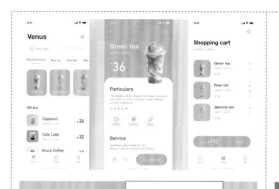

① 本作品为移动应用程序——饮品购买平台界面设计。本图为不同饮品的购买界面。

② 嫩绿色作为界面主色，搭配同类色的绿色调色彩，以及白色背景，获得了清新、明亮的视觉效果，给人一种干净、天然、健康的视觉感受，有益于增强消费者的信赖度。

① 本作品为移动应用图标——时间管理界面设计。本软件的目的是帮助用户有效地管理他们的时间，充分利用琐碎的时间。

② 整个图标形状为欧式花纹造型，以苔藓绿作为背景颜色，呈现出一种复古的视觉效果。

◎3.4.5　奶绿 & 钴绿

① 本作品为移动应用程序——茶叶购买平台界面设计。本图是用户登录界面以及购买界面。

② 奶绿色、绿色与灰绿色等色彩形成不同的纯度对比，使画面色彩层次更加丰富，更具自然气息。

③ 卡通图形的大量使用使画面极具视觉吸引力与趣味性，可以吸引用户的兴趣，并提升应用的亲和力。

① 本作品为移动应用程序——在线食品订购界面设计。本图为食品选购界面。

② 钴绿色的明度较高，给人一种纯净、通透、灵动的感觉。作为界面的主色使用，使整个界面更显清新、天然。

③ 清晰的美食图像可以更好地吸引用户目光，刺激食欲，激发用户的购买兴趣。

◎3.4.6 青瓷绿 & 孔雀绿

❶ 本作品为移动应用程序——瑜伽软件界面
设计。本图为欢迎界面。

❷ 青瓷绿色给人一种清新淡雅的感觉，瑜伽
可以靠冥想进行锻炼，绿色给人一种清
新宁静的感觉，可以让用户的身心得到
放松。

❶ 本作品为移动应用程序——录像界面设
计。图为一个简单但形象的摄像机的形状。

❷ 孔雀绿的背景给人一种稳定的感觉，中间
简单的录像图形标志，使用户不会混淆应
用的功能。

◎3.4.7 铬绿 & 翡翠绿

❶ 本作品为移动应用程序——101 个商业理
念界面设计。本图主要为应用首页展示。

❷ 铬绿色作为首页背景，在界面中间进行
虚化，在视觉上给人一种空间感，使得
界面具有一定的透视感。

❸ 欢迎页通过文字告诉用户这个应用是关
于什么，101 个商业理念，理念是人想
出来的，所以采用了一个人头的图标，
上面的灯泡表示灵光一现的灵感，美元
符号则表现出与商业有关。

❶ 本作品为移动应用程序——手机游戏界面
设计。本图为游戏记录界面。

❷ 整体布局简单明了，浅灰色背景与翡翠绿
搭配呈现出极简的风格，给人一种清爽、
鲜明的感觉，同时也能够有效地缓解人的
视觉疲劳。

◎3.4.8 粉绿 & 松花色

❶ 本作品为移动应用程序——日历界面设计。本图为春游计划的日程表。

❷ 粉绿、绿色、奶绿色三种颜色形成同类色搭配，使画面色彩层次感更强，给人一种清新、鲜活、明快的视觉感受，呼应了春游的主题。

❶ 本作品为移动应用程序——健康食品商店界面设计。本图为应用的欢迎界面。

❷ 松花色的明度较高，具有较强的视觉吸引力。搭配白色可以获得清新、活泼、年轻的视觉效果，并体现出食品的健康、天然性。

❸ 卡通豌豆形象增强了界面的趣味性与灵动感，可以获得更多用户的喜爱。

◎3.4.9 竹青 & 墨绿

❶ 本作品为移动应用程序——食品电商平台界面设计。本图为购物车结算界面。

❷ 竹青色作为背景色，色彩纯度较低，使产品更加醒目、清晰。

❶ 本作品为移动应用程序——社交平台界面设计。本图为登录界面。

❷ 将雨林植物作为背景图使用，通过不同明度的绿色的应用，营造出神秘、深邃的画面氛围，增强了应用的神秘感，可以激发用户参与的兴趣。

❸ 墨绿色占据的面积较大，作为画面的主色调，更显植物茂盛，同时增强了界面的视觉空间感。

3.5 青

◎3.5.1 认识青色

青色：青色所表达的感情内涵十分丰富，特点是高档、有品位，同时也可表现一种精神。青色的色调变化可以表现出不同效果，既可以表现出高贵华美，也可以体现轻快柔和。青色有缓解紧张、放松心情的作用。

色彩情感：轻快、华丽、高雅、庄重、坚强、希望、古朴等。

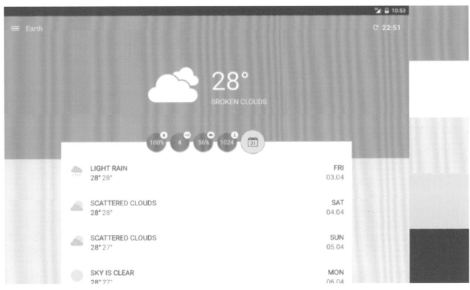

青 RGB=0,255,255 CMYK=55,0,18,0	水青色 RGB=88,195,224 CMYK=62,7,15,0	海青 RGB=34,162,195 CMYK=75,23,22,0	湖青色 RGB=121,201,211 CMYK=54,6,22,0
青绿色 RGB=31,204,170 CMYK=68,0,47,0	瓷青 RGB=175,221,224 CMYK=37,3,16,0	淡青 RGB=194,236,239 CMYK=29,0,11,0	白青 RGB=224,241,244 CMYK=16,2,6,0
花浅葱 RGB=0,140,163 CMYK=81,34,34,0	鸦青 RGB=54,106,113 CMYK=82,54,53,4	青灰 RGB=112,146,155 CMYK=62,37,36,0	深青 RGB=0,81,120 CMYK=95,71,41,3
青蓝 RGB=0,137,198 CMYK=81,38,11,0	靛青 RGB=0,119,174 CMYK=85,49,18,0	群青 RGB=0,57,131 CMYK=100,88,28,0	藏青 RGB=5,36,74 CMYK=100,95,58,29

◎3.5.2　青 & 水青色

❶ 本作品为移动应用程序——天气预报界面设计。本图为天气详情展示页。

❷ 青色的背景给人一种清凉、通透的感觉，使画面获得了澄净、明亮的视觉效果，具有较强的视觉冲击力。

❶ 本作品为旅游分享 App 的登录界面设计。界面将城市建筑与植物重叠，体现出走出当前生活空间，进行户外生活的主题。

❷ 水青色较为接近蓝色，因此给人一种广阔、轻松的视觉感受。将其作为登录页主色，可以很好地缓和情绪，为用户带来视觉与心灵的双重解放。

◎3.5.3　海青 & 湖青绿

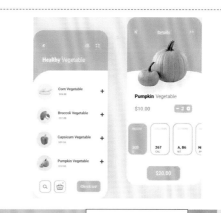

❶ 本作品为移动应用程序——有声读物界面设计。本图为播放界面。

❷ 海青色与青绿色的渐变使画面更显梦幻、典雅，给人一种古典、雅致的视觉感受。

❸ 画面上方的播放器采用白色圆形与黄色鲜花作为装饰，与背景形成鲜明的冷暖对比，使画面色彩更加丰富、绚丽，增强了画面的视觉吸引力。

❶ 本作品为移动应用程序——健康蔬菜购买平台界面设计。本图为产品购买页。

❷ 界面以碧蓝色作为主色，与白色一种搭配，获得了清爽、洁净、明亮的视觉效果，给人干净、天然、健康的感觉。

❸ 版面构图简洁明了，黑色文字清晰、醒目，令人一目了然。

⊙3.5.4　青绿色 & 瓷青

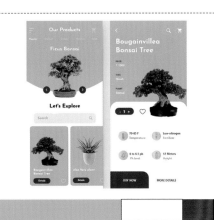

❶ 本作品为移动应用程序——植物购买平台界面设计。本图为产品详情展示页。

❷ 明亮的青绿色作为界面主色，可以使用户眼前一亮，加以白色作为辅助色，使画面更显清爽，带来惬意、轻松、舒适的视觉体验。

❶ 本作品为移动应用程序——闹钟界面设计。本图为手机锁屏页。

❷ 瓷青色给人一种淡雅、轻盈的视觉印象。该界面将瓷青色、蓝紫色、紫色与淡粉色等浅色调色彩搭配，呈现出浪漫、梦幻的视觉效果，具有较强的视觉感染力。

⊙3.5.5　淡青 & 白青

❶ 本作品为移动应用程序——个人账户界面设计。本图为用户个人资料页。

❷ 淡青色与白色搭配使整个画面明度极高，给人眼前一亮的感觉，获得了清新、雅致的视觉效果。

❶ 本作品为移动应用程序——金融理财界面设计。本图为不同的信息介绍界面。

❷ 白青色、碧蓝色与湛蓝色的渐变呈现出梦幻、空灵、缥缈的视觉效果，给人一种灵动、清新、典雅的感觉。

❸ 冷色调的色彩具有缓和心情的作用，可以为用户带来宁静、轻松的视觉体验。

◎3.5.6 花浅葱 & 鸦青

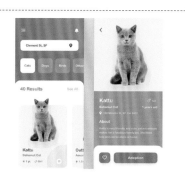

① 本作品为移动应用程序——宠物领养界面设计。本图是待领养动物的相关信息展示页。

② 通过不同纯度与明度的青色调的搭配，使画面色彩形成丰富的层次感，增强了画面的视觉吸引力。

③ 花浅葱给人一种冷静、理性的视觉感受，表现出对于领养动物的认真对待的态度，并提醒了用户在领养前需慎重考虑。

① 本作品为移动应用程序——音乐电台界面设计。本图为应用登录界面。

② 鸦青色与橙黄色形成冷暖对比，提升了画面的视觉冲击力。

③ 拟人化的动物形象与不同绿色调色彩的使用，营造出轻松、惬意的画面氛围，表现出该应用可以帮助用户减轻压力，释放情绪。

◎3.5.7 青灰 & 深青

① 本作品为新闻 APP 登录界面设计，居中构图将信息清晰地传递出来，记事本图形与文字内容向用户展现出该应用的用途，给人一种简洁明了的感觉。

② 青灰色作为背景色，色彩纯度较低，形成内敛、低沉的视觉效果，体现出应用的性质，给人一种理性、认真、严谨的感觉。

① 本作品为移动应用程序——音乐播放器界面设计。本图为不同类型的音乐界面。

② 以深青色作为界面主色，色彩明度较低，打造出复古、高级、大气的界面风格，也体现出听众的品位。

③ 不同类型的音乐选项右侧的卡通乐器生动地展现出风格的变化，使界面更具趣味性。

◎3.5.8 青蓝 & 靛青

❶ 本作品为移动应用程序——天气预报界面设计。本图为某地不同时间段的天气情况。

❷ 青蓝色与碧蓝色的渐变过渡使画面更显梦幻，增添了清凉、凉爽的气息，生动地展现出气温的变化。

❶ 本作品为移动应用程序——理财软件界面设计，使用者可以记录自己的财产使用情况，还可以看到明细账单。

❷ 以靛青色作为背景色，给人一种理性严谨的视觉感受。作为理财软件，可以使用户产生一种安全、严谨的心理印象，使用户能更加放心地使用该应用。

❸ 折线统计图在理财软件中比较常见，用户可以明确清晰地了解资金的使用情况。

◎3.5.9 群青 & 藏青

❶ 本作品为移动应用程序——家居装修界面设计。本图为装修效果展示页。

❷ 群青色与亮灰色搭配，获得了简单、时尚的视觉效果，打造出北欧风格的生活空间。

❶ 本作品为移动应用程序——屏幕保护与登录访问界面设计。

❷ 藏青色界面中央的指纹好像星球，周围有围绕的小星球，给人一种神秘玄幻的太空感觉。

❸ 访问记录中使用红色作为提醒色，告知用户未登录成功。

3.6 蓝

◎3.6.1 认识蓝色

　　蓝色：蓝色是冷静的代表色，可以使人联想到广阔的天空、大海。空间采用蓝色，可获得一种纯净、沉稳的视觉效果，给人一种清新靓丽的感觉，同时具有准确、理智的意象。蓝色既象征着智慧冷静，又代表着清新爽快。

　　色彩情感：理智、勇气、冷静、文静、清凉、安逸、现代化、沉稳等。

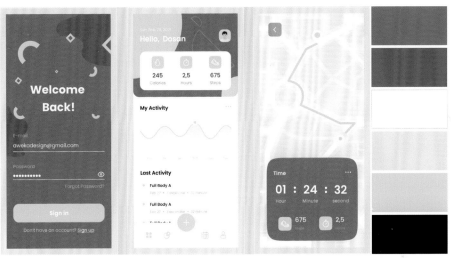

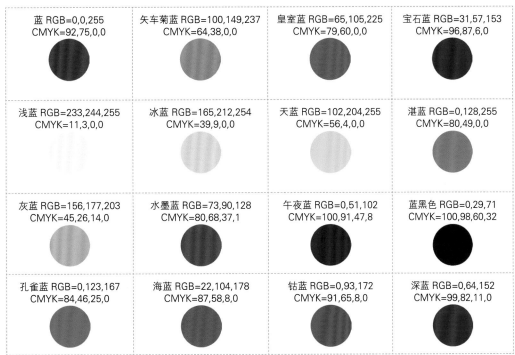

蓝 RGB=0,0,255
CMYK=92,75,0,0

矢车菊蓝 RGB=100,149,237
CMYK=64,38,0,0

皇室蓝 RGB=65,105,225
CMYK=79,60,0,0

宝石蓝 RGB=31,57,153
CMYK=96,87,6,0

浅蓝 RGB=233,244,255
CMYK=11,3,0,0

冰蓝 RGB=165,212,254
CMYK=39,9,0,0

天蓝 RGB=102,204,255
CMYK=56,4,0,0

湛蓝 RGB=0,128,255
CMYK=80,49,0,0

灰蓝 RGB=156,177,203
CMYK=45,26,14,0

水墨蓝 RGB=73,90,128
CMYK=80,68,37,1

午夜蓝 RGB=0,51,102
CMYK=100,91,47,8

蓝黑色 RGB=0,29,71
CMYK=100,98,60,32

孔雀蓝 RGB=0,123,167
CMYK=84,46,25,0

海蓝 RGB=22,104,178
CMYK=87,58,8,0

钴蓝 RGB=0,93,172
CMYK=91,65,8,0

深蓝 RGB=0,64,152
CMYK=99,82,11,0

◎ 3.6.2 蓝 & 矢车菊蓝

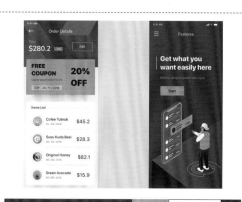

① 本作品为移动应用程序——购物平台界面设计。本图为订单页。

② 蓝色的背景、橙色的优惠信息，形成冷暖色对比的同时增强了视觉刺激感，使人产生一种紧迫感。

③ 右图实体化订单信息使界面更具立体感，增强了界面的互动性与用户的代入感。

① 本作品为移动应用程序——生态保护界面设计。这是关于湿地内容的详细界面。

② 矢车菊蓝色可以打造浪漫与清爽的界面风格，以它作为主色，使背景中的景色更显唯美、梦幻。

◎ 3.6.3 皇室蓝 & 宝石蓝

① 本作品为移动应用程序——购物平台界面设计。本界面为主图展示页。

② 皇室蓝作为界面主色，搭配深橙色，形成冷暖色对比，带来极强的视觉刺激，表现出抢购活动的紧张感。

③ 夸张的人物形象使画面更具趣味感，增强了应用的吸引力。

① 本作品为移动应用程序——天气预报界面设计。本界面详尽地显示了天气预报的结果。

② 宝石蓝作为界面的主色，结合文字信息，生动地表现出夜间的天气状况。

③ 温度以黑色大号字体显示，在白色背景的衬托下既清楚又醒目。

◎3.6.4 浅蓝 & 冰蓝

❶ 本作品为移动应用程序——家具商店界面设计。本软件可帮助人们更好地挑选合适的家具用品。

❷ 界面以浅蓝色作为背景色，以具有立体效果的图形作为底图，使不同的家具产品更加醒目，便于用户选择。

❶ 本作品为移动应用程序——个人账号界面设计。本图为用户账号访问界面。

❷ 冰蓝色作为界面主色，搭配不同纯度与色相的蓝色以及白色，获得了清新、通透的视觉效果。

❸ 人与宠物嬉戏的场景营造出轻松、愉快的画面氛围，为用户带来愉悦、惬意的使用体验。

◎3.6.5 天蓝 & 湛蓝

❶ 本作品为移动应用程序——洗衣机应用界面设计。本图为水温选择界面。

❷ 界面使用天蓝色为背景色，给人一种安静、舒适的视觉印象，给人一种干净、明亮的视觉感受。

❶ 本作品为移动应用程序——体重测量界面设计。本图为详尽的用户体重数据信息界面。

❷ 湛蓝色作为界面主色，搭配白色，可以为使用者带来冷静、简洁的视觉感受。

❸ 该界面文字信息作为主体，形成简洁明了的视觉效果，便于用户了解身体数据并进行适当的调理与运动。

◎3.6.6　灰蓝 & 水墨蓝

❶ 本作品为移动应用界面——值班记录界面设计。本图为夜班工作时间记录页。

❷ 画面以灰蓝色为背景，由上至下采用灰蓝色与青灰色的渐变过渡，打造出朦胧、寂静的夜晚效果。

❶ 本作品为移动应用程序——理财软件界面设计。本应用为整理公司的财务绩效，同时可以进行银行卡的绑定。

❷ 水墨蓝的背景给一种沉稳的感觉，通过条形图与文字的结合，给人直观的视觉效果。直观图通过颜色、感度的不同，对数据进行了总结。

❸ 理财软件一般都可以绑定银行卡，节省了用户去银行排队办业务的时间。

◎3.6.7　午夜蓝 & 蓝黑色

❶ 本作品为移动应用程序——日历界面设计。

❷ 午夜蓝作为界面主色，给人一种高端、冷静的感觉，凸显出严谨、认真的风格。

❶ 本作品为移动应用程序——金融理财界面设计。本图为不同时段收益的变化界面。

❷ 蓝黑色作为背景色使用，低明度的色彩具有较强的视觉重量感，给人一种深邃、贵重的感觉。

❸ 橙色、黄色、蓝色、紫色、青色等高纯度的色彩作为辅助色，使画面更加绚丽、吸睛。

◎3.6.8 孔雀蓝 & 海蓝

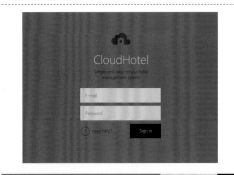

① 本作品为运动社区交流软件的界面设计。通过卡通元素增强了画面的趣味性与亲和力，获得用户的关注与喜爱。

② 孔雀蓝作为界面主色，搭配不同纯度的青色，使画面充满运动、休闲、鲜活的气息。

① 本作品为移动应用程序——酒店系统界面设计。本图为用户登录界面。

② 海蓝色的色彩明度较低，给人一种广阔、幽远、博大的感觉，侧面体现出该酒店的档次。

③ 界面采用规整有序的版式设计，给人一种清晰明了的感觉，便于用户进行信息的注册与使用。

◎3.6.9 钴蓝 & 深蓝

① 本作品为移动应用程序——维修服务界面设计。本图是汽车维修服务的选项页。

② 钴蓝色的色彩明度较低，具有较强的视觉重量感，与浅灰色背景形成鲜明的对比，更易吸引用户目光。

③ 右图中的汽车背景使应用主题与性质更加明确，生动形象地展现出服务主体与内容。

① 本作品为购物软件的详情购买页设计。

② 深蓝色与亮灰色搭配，打造出鲜明的科技风，给人一种该耳机十分高端的感觉。

③ 深灰色的产品与背景色形成鲜明的明暗对比，具有较强的视觉吸引力。

3.7 紫

◎3.7.1 认识紫色

紫色：紫色是高贵神秘的颜色，运用在界面设计中，可尽显高贵神秘的气质，获得富贵、豪华的效果，具有一种高品位的时尚感，并体现应用的内涵，使用户一目了然地明白软件的含义。

色彩情感：高贵、优雅、奢华、幸福、神秘、魅力、权威、孤独、含蓄等。

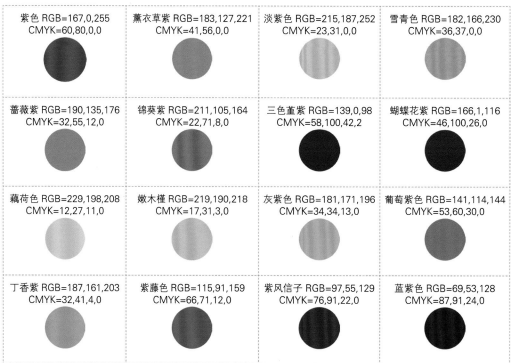

紫色 RGB=167,0,255 CMYK=60,80,0,0	薰衣草紫 RGB=183,127,221 CMYK=41,56,0,0	淡紫色 RGB=215,187,252 CMYK=23,31,0,0	雪青色 RGB=182,166,230 CMYK=36,37,0,0
蔷薇紫 RGB=190,135,176 CMYK=32,55,12,0	锦葵紫 RGB=211,105,164 CMYK=22,71,8,0	三色堇紫 RGB=139,0,98 CMYK=58,100,42,2	蝴蝶花紫 RGB=166,1,116 CMYK=46,100,26,0
藕荷色 RGB=229,198,208 CMYK=12,27,11,0	嫩木槿 RGB=219,190,218 CMYK=17,31,3,0	灰紫色 RGB=181,171,196 CMYK=34,34,13,0	葡萄紫色 RGB=141,114,144 CMYK=53,60,30,0
丁香紫 RGB=187,161,203 CMYK=32,41,4,0	紫藤色 RGB=115,91,159 CMYK=66,71,12,0	紫风信子 RGB=97,55,129 CMYK=76,91,22,0	蓝紫色 RGB=69,53,128 CMYK=87,91,24,0

◎3.7.2 紫色 & 薰衣草紫

① 本作品为移动应用程序——饮品在线购买界面设计。本图为产品详情展示页。

② 莓果作为主要原料，体现出紫色调的色彩，因此使用紫色、玫粉色、蓝紫色等同类色进行搭配，突出了果汁原料的特性。

③ 紫色给人一种浪漫、神秘、优雅的感觉。整体界面展现出时尚、缤纷的视觉效果。

① 本作品为移动应用程序——食物营养研究界面设计。本图为对话界面。

② 以薰衣草紫为主色进行设计，可以给人一种干练、简洁、优雅的感觉，突出软件的专业性与功能性。

◎3.7.3 淡紫色 & 雪青色

① 本作品为移动应用程序——电商购物界面设计。本图为购物软件首页。

② 以淡紫色作为背景色，给人一种优雅、清新、浪漫的感觉。

③ 界面中的化妆品、香水、美妆工具等物品直观地说明了应用性质与功能。

① 本作品为移动应用程序——社交平台界面设计。本图个人账户首页。

② 雪青色中含有一丝蓝色的清冷，因此呈现出典雅、忧郁的视觉效果，使整个界面更显诗意、唯美。

◎3.7.4　蔷薇紫 & 锦葵紫

① 本作品为移动应用程序图标——物品收藏界面设计。

② 蔷薇紫作为图标主色，搭配白色与淡粉色，获得了复古、含蓄的视觉效果。

① 本作品为移动应用程序——历史今日界面设计。本图为一个体现历史上的今天出现过的日子与重要时间。

② 图片中锦葵紫为基础色，在基础色上进行同色系的渐变，使得整个界面具有动感，流动性。

③ 本软件可以让人们更加了解历史上的今日发生了什么，使得人们更加了解历史。

◎3.7.5　三色堇紫 & 蝴蝶花紫

① 本作品为移动应用程序——计划制订与完成界面设计，可以帮助用户记录他们的计划及已经做完的工作，同时也可以用作日程的记录。

② 整个界面以紫色系的颜色为基调，三色堇紫在其中占据了大部分的面积，给人一种神秘的优雅感。

③ 应用可以统计用户一共完成与要完成的时间，也可以通过文字、照片形式记录结果，同时用户也可将其作为记录生活的软件。

① 本作品为移动应用程序——金融理财界面设计。本图为软件详情页。

② 蝴蝶花紫色彩浓郁、饱满，给人一种复古、时尚的感觉，将其作为主色，使界面更具视觉冲击力。

◎ 3.7.6　藕荷色 & 嫩木槿

❶ 本作品为移动应用程序——一个抒发用户奇想的界面。旁边图片为个人的介绍界面，人们可以关注、收藏等。

❷ 藕荷色给人一种素雅的感觉，使得整个界面具有一种文艺气息，使用户更加的抒发自己的情怀，表达自己的想法。

❸ 这是一款可以抒发自己的想法的软件，具有一定的艺术情怀。

❶ 本作品为移动应用界面——测量工具界面设计。

❷ 简单的版面设计给人一种简约、明亮的感觉，可以更好地传递信息。

❸ 嫩木槿色彩柔和，给人一种温柔、安静的视觉感受。

◎ 3.7.7　灰紫色 & 葡萄紫色

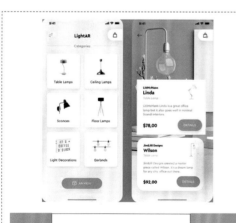

❶ 本作品为移动应用程序——家具商城界面设计。本图为商品购买页。

❷ 本软件界面以白色为主，搭配灰紫色与竹青色两种中纯度色彩进行设计，给人一种含蓄、典雅的感觉。

❶ 本作品为移动应用界面——登录界面。

❷ 葡萄紫色的背景色给人一种沉稳的感觉，作为登录界面使整个空间更显得素净、简洁。

❸ 简约的界面风格，干净清爽、操作简单，方便用户的操作。

◎3.7.8 丁香紫 & 紫藤色

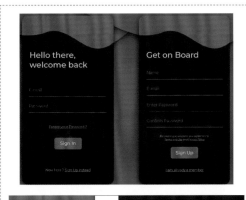

❶ 本图为儿童博物馆应用登录界面。
❷ 丁香紫色作为界面主色，色彩纯度较低，给人一种朦胧、含蓄的感觉，突出了博物馆的主题，表现出悠久的历史沉淀感。

❶ 本图为软件登录注册界面。
❷ 大面积的黑色使界面具有较强的视觉冲击力与神秘感，能够吸引用户的注意力。
❸ 紫藤色与深紫色的渐变过渡丰富了色彩的表现力，使界面更加绚丽多彩。

◎3.7.9 紫风信子 & 蓝紫色

❶ 本作品为移动应用程序——手机图标制作界面设计。通过本应用，可以选择不同的图形、背景制作自己的图标。
❷ 紫风信子色背景带着一种神秘感，突出图标背景的颜色，可以使人更加关注图标的制作。

❶ 本作品为移动应用程序——烹饪菜谱界面设计。本图为菜谱内容详情页。
❷ 蓝紫色做背景，给人一种神秘的感觉，能更加吸引人们的目光，给人一种好奇感。
❸ 可以根据单独的蔬菜搜索到菜谱合集，然后在菜谱标题下方标有所需时长，可以让人感受到便捷的使用效果。

3.8 黑、白、灰

◎3.8.1 认识黑、白、灰

　　黑、白、灰色："黑"是没有任何可见光进入视觉内的颜色，一般带有威严压抑感，也代表沉稳；"白"是所有可见光都能同时进入视觉内的颜色，带有愉悦轻快感，也代表纯洁干净；"灰"是在白色中加入黑色进行调和而成的颜色。在 UI 设计中运用黑、白、灰，可以设计出简洁明快、柔和优美的画面。

　　色彩情感：冷静、神秘、黑暗、干净、朴素、雅致、单纯、诚恳、沉稳、干练等。

白 RGB=255,255,255 CMYK=0,0,0,0	亮灰 RGB=230,230,230 CMYK=12,9,9,0	浅灰 RGB=175,175,175 CMYK=36,29,27,0
50% 灰 RGB=129,129,129 CMYK=57,48,45,0	黑灰 RGB=68,68,68 CMYK=76,70,67,30	黑 RGB=0,0,0 CMYK=93,88,89,80

◎ 3.8.2　白 & 亮灰

① 本作品为移动应用程序——风扇开关界面设计。本图为具体的风速数据界面。
② 中心图形采用白色进行设计，在浅灰色背景的衬托下更加突出，给人一种明亮、洁净的感觉。
③ 绿色表现出安全、环保的特点，说明了产品的功能与安全性值得信赖。

① 本作品为移动应用程序——电商平台界面设计。本图为购物车结算界面。
② 亮灰色作为产品的背景色，呈现出简约的北欧风格，结合白色主色，给人一种简单、精致、洁净的感觉。
③ 粉色的按钮设计为画面增添了可爱、俏皮、活泼的气息，使画面更加吸睛。

◎ 3.8.3　浅灰 &50% 灰

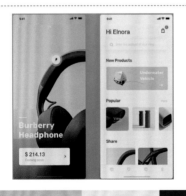

① 这是一款耳机的详情展示界面设计。
② 画面以浅灰色与亮灰色作为背景色进行搭配，通过纯度与明度的变化形成色彩的层次变化。
③ 黑色的耳机呈现出个性、炫酷的视觉效果，易获得年轻人的喜爱与关注。

① 本图为剃须刀的宣传界面设计。
② 50% 灰作为背景色，融合了黑色的神秘与白色的时尚，使画面展现出个性、高端的视觉效果。

◉3.8.4 黑灰 & 黑

❶ 本作品为移动应用程序——运动计步、计时应用界面设计。这是记录用户步行的界面。

❷ 整个界面布局简单，以黑灰色为背景，用清新的绿色作为开始颜色，红色作为停止颜色，在视觉上给用户一种清晰明了的感觉。

❸ 右侧的图片就用户的运动信息进行了简单的分析。

❶ 这是一个食品应用的界面设计作品。通过大面积文字的介绍将食谱详细分析，便于用户了解并操作。

❷ 黑色作为界面主色，红色作为辅助色，两种高纯度色彩的搭配带来极强的视觉刺激，给人留下了深刻印象。

第 **4** 章 APP UI 设计的元素

标志 \ 图案 \ 色彩 \ 字体 \ 导航栏 \ 主视图 \ 工具栏

UI 是指对手机应用进行人机交互、界面美观、操作逻辑的全面设计。所以，这种不应仅仅追求好看、炫酷的界面，还必须从人们的实际使用出发，进行应用的设计，使每一种应用都具有操作起来更加简单、舒适的特点。

APP UI 设计中的元素包括标志、图案、色彩、字体、导航栏、主视图、工具栏等元素。

4.1 标志

标志是特殊的符号标记，以简单易懂的图形、物象、文字作为直观的语言，以简洁精练的形象表达一定的含义。标志作为视觉图像，具有广泛的认知性，可以根据人们的使用习惯、图形的相似度，进行对应的理解与使用，也可以作为全球通用的视觉语言。

特点：

◆ 标志具有简单、好记、易懂的特性；

◆ 具有广泛的认知性，在黑、白、灰或彩色背景下易被识别。

◉ 4.1.1　简约素雅的标志设计

目前，字体标志是较为普遍的标志设计元素，通常是对某种现有的字体进行变形设计。同时也可以与一些简单的图形相结合，以使标志更加生动形象。

设计理念：通过文字与图形的结合，给人一种生动形象的视觉感受。

色彩点评：蓝色的文字给人一种冷静、理性的感觉，红色的使用突出了医院具有的人性化服务。

🌐 本应用是为医院的医疗保健专业人士开发的。其中包含一些图形元素，这些元素象征着新技术的传统用法。手机的形状表现了医学与科技的接轨，可以更快地与病人建立通信关系，把听诊器的线设计成心形，说明医生都在用心为每一位病人看病。

🌐 标志采用了传统卫生服务系统中通用的红色和蓝色，颜色符合人们的认知，体现出一种干净、健康的特征。

█████ RGB=0,93,171　CMYK=91,65,9,0

█████ RGB=225,82,61　CMYK=14,81,75,0

本作品为视频网站图标设计。作为一个热门视频的共享网站，通过上面的图片，可以看到一个极为简洁干净的标志。简单的图标可以适应不同的移动设备，具有良好的通用性。

█ RGB=2,2,3　CMYK=92,88,87,79

☐ RGB=255,255,255　CMYK=0,0,0,0

█ RGB=254,2,27　CMYK=0,96,87,0

本作品为企业印刷标志设计。通过最后字母"T"的变形设计，将字母与滚刷结合，使标志具有设计感与创意性的同时又不失识别性。

█ RGB=61,61,61　CMYK=77,71,69,37

◎ 4.1.2　趣味多彩的标志设计

采用图形作为标志是一种非常普遍的现象，既可以清晰明确地表明该应用的使用范围，不会使用户混淆；又可在运用上使颜色变得更加丰富多彩，增强标志的趣味性。

设计理念： 结合现在人们喜欢在手机上晒美食图片的习惯，通过该应用拍摄的照片可以在手机联网的时候，进行图片上传并形成食物日志。

色彩点评： 在有关食物的位置采用了驼色，其他以鸦青色作为背景色加以衬托。

🔘 这款应用可以让你拍摄所有你享受的食物。然后你可以在网上查看你的食物日志，并和朋友们一起看自己或他们的食物日志。

🔘 标志通过形象的设计，体现出把食物拍到手机中的过程，结合文字 foodsnaps，不会造成用户的混淆。

RGB=65,116,120　CMYK=79,50,52,2
RGB=162,112,41　CMYK=44,61,97,3

本作品为礼品商店的标志设计。该标志通过多彩的圆形背景突出了白色的礼盒图形，结合加深的文字 giftshop，通过图文的结合，表达了该标志的含义。

RGB=227,7,17　CMYK=12,98,100,0
RGB=255,203,0　CMYK=4,26,89,0
RGB=175,203,7　CMYK=41,8,97,0
RGB=36,187,240　CMYK=69,9,5,0
RGB=76,81,85　CMYK=76,66,61,18

本作品为环境资讯机构的标志设计。该标志通过蓝色与绿色的结合，给人一种清新自然的视觉感受。图标的设计以绿叶衬托蓝色的水滴，好似手掌保护水滴，以鼓励人类保护环境。

RGB=23,150,205　CMYK=77,31,12,0
RGB=119,193,70　CMYK=59,4,88,0

◎ 4.1.3　标志设计技巧——图文结合的设计方法

　　在现在的设计作品中往往简化了图形的线条，这样可能会导致用户的理解错误，所以在标志的设计上应采用图文结合的方法。图文结合既消除了单一图形可能产生的歧义，同时也减轻了只有文字表述的单薄感，可使标志变得更加饱满充实。

本作品为应用商店的标志设计。鉴于现在手机大多数是基于两种系统进行开发的，所以各种应用的开发也被分为两类，不能通用。上方为安卓系统的应用商店，下方为苹果系统的应用商店。	本作品通过特有品牌标志标示操作系统，下方的文字体现系统应用在移动端，不会造成用户的混淆。

配色方案

双色配色	三色配色	五色配色
		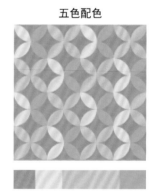

◎ 4.1.4　标志设计欣赏

4.2 图案

图案的设计可以表现为具体与抽象的图形，在应用中多采用重心型的版式设计方式。重心型版式易于产生视觉焦点，吸引用户的注意力。

特点：

◆ 具有生动性、易懂性；

◆ 将生活中的物品图形化，根据人们的习惯进行图案的设计。

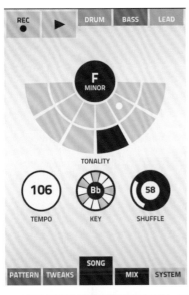

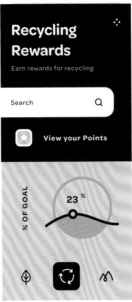

◉ 4.2.1 风格多变的图标设计

应用图标看起来很小，但非常重要。它是一个品牌的特有象征，可以使人一看到该图标就明确该应用的功能。

设计理念：参考马赛克的特点进行图标设计。通过简单图形的组合设计出新颖的图案。

色彩点评：用同色系的颜色进行填充，通过叠加和透明度设计该种类型的图标。

LIPPINCOTT
MARSH & MCLENNAN COMPANIES

PRETTY POLLUTION
DUHA GROUP

BFIVE BRANDING & IDENTITY
INTERVENTION OF A MIRACLE

01D
LOYDFISH

🔴 多种形式的几何图形聚集在一个系列，覆盖的面积为可重复模式。作为马赛克模式而言，通过少量的元素可以设计出一些复杂、漂亮的图标。

🔴 这些标识设计具有较强的传播力度，通过图形所具有的较强视觉冲击力与丰富色彩的搭配，保证了标识的醒目程度。

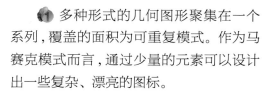

RGB=19,177,212 CMYK=60,71,0,0

RGB=252,148,51 CMYK=0,54,81,0

RGB=239,107,154 CMYK=7,72,16,0

RGB=69,180,77 CMYK=70,6,88,0

RGB=208,10,23 CMYK=23,100,100,0

RGB=87,3,87 CMYK=81,100,53,14

本作品为一个地图导航的图标设计。可以在图标中看到隐隐约约的街道图，凸显出中间的定位标识。定位图标呈现出一种立体的效果；彩色的图形，呈现出书籍翻页的效果。

本作品为一个免费的自行车服务应用图标设计。在倡导绿色出行的今天，越来越多的共享自行车应用出现。大面积采用绿色，体现了绿色出行、保护环境的理念，自行车可以沿着线路行驶到目的地。

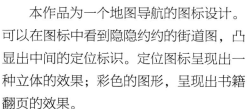

RGB=140,90,195 CMYK=60,71,0,0

RGB=45,226,173 CMYK=63,0,48,0

RGB=255,198,58 CMYK=3,29,80,0

RGB=255,95,119 CMYK=0,77,36,0

RGB=29,189,155 CMYK=72,0,52,0

RGB=243,243,243 CMYK=6,4,4,0

RGB=222,112,108 CMYK=16,68,49,0

RGB=253,226,109 CMYK=6,13,64,0

◉ 4.2.2 应用界面的图案设计

在手机界面的设计中可以采用图案设计的方式，通过图形给人一种更加直观的视觉感受。图形的应用具有生动性与趣味性，所以能吸引用户的注意力。

设计理念：作为控制音量的应用，可以控制手机的响铃，同时也可以限定时间。

色彩点评：以蓝色为背景色，可以凸显界面下方的图案，黄色作为一种具有警示含义的颜色，在使用时也具有提醒作用。

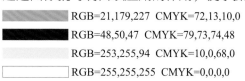 对手机响铃的应用进行了分类，通过对分类的选择，可以控制静音与静音时长。

⚫ 在版式布局上，突出了图案的设计，使用户通过图标就可明白该应用的作用，便于操作。

▇▇▇ RGB=21,179,227 CMYK=72,13,10,0

▇▇▇ RGB=48,50,47 CMYK=79,73,74,48

▇▇▇ RGB=253,255,94 CMYK=10,0,68,0

▢▢▢ RGB=255,255,255 CMYK=0,0,0,0

本作品为添加个人日程计划界面设计。该设计采用丰富的色彩与可爱的卡通形象增强视觉吸引力，在黑色背景的衬托下更加醒目、鲜明，使该应用的功能得到更好的使用。

■ RGB=10,11,16 CMYK=91,86,81,73

□ RGB=255,255,255 CMYK=0,0,0,0

■ RGB=99,164,254 CMYK=61,30,0,0

■ RGB=81,229,239 CMYK=56,0,18,0

■ RGB=150,111,254 CMYK=60,60,0,0

■ RGB=254,121,240 CMYK=21,58,0,0

■ RGB=255,210,129 CMYK=2,24,54,0

本作品为智能家居系统 APP 界面设计。该界面内容为室内环境与温度等相关参数。通过阴影效果的添加使按钮呈现出立体的效果，增强了界面主体内容的辨识度。

■ RGB=140,71,240 CMYK=70,74,0,0

□ RGB=255,255,255 CMYK=0,0,0,0

■ RGB=185,135,255 CMYK=44,50,0,0

■ RGB=255,137,185 CMYK=0,61,3,0

◎4.2.3 图案设计技巧——造型独特的图案

图形可以直观地表达其含义，相较于文字的含蓄，图形更加直观、形象。

本作品为咖啡订单与选项界面设计。界面采用棕色作为主色调，表现出咖啡的香醇与浓厚，同时简化的咖啡杯可以使用户清楚地了解软件的用途。

本作品为饮品购买登录界面设计。界面采用小推车图形作为主图，给人一种轻松、有趣的感觉。使用绿色作为主色调，带来清新、明快的视觉感受。

作为帮助人们养成良好习惯的应用，该界面中每个区域为一件所需做的事情。圆形中每一个图标都形象地为用户作出规划，完成的事件背景显示为白色。

配色方案

双色配色

三色配色

四色配色

◎4.2.4 图案设计赏析

4.3 色彩

色彩在 UI 设计中是较为重要的元素。色彩可以使图标、界面变得更加生动有趣。同时，色彩还可以表达不同的情感，不同环境中的颜色具有的含义也不尽相同。例如，红色具有热情积极的含义，同时也有警示的含义。

特点：

◆ 呈现 UI 界面的整体结构；

◆ 可以明确界面的层次构架；

◆ 通过颜色可以使应用的界面主题一致化。

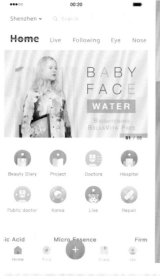

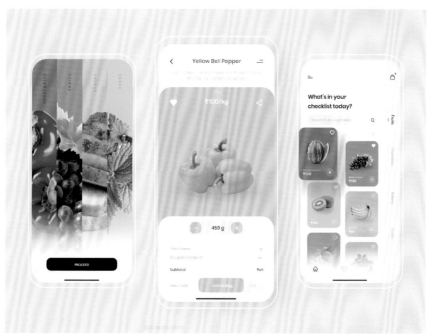

◎ 4.3.1 缤纷多彩的色彩设计

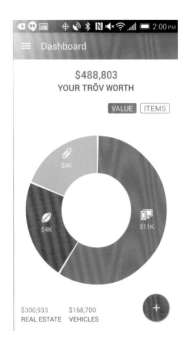

颜色在 UI 设计中是极为重要的设计元素，成功的颜色搭配可以获得过目不忘的视觉效果。

设计理念：作为理财应用，通过环形统计图将用户这个月的花费进行分类，可以给用户一种直观的视觉感受。

色彩点评：查看环形统计图时，可以通过每个分类的背景颜色，知道自己在哪些方面花销比重较大。

① 通过颜色的对比，呈现出直观的效果，使用户明确自己各类花销所占比重。

② 通过浮动工具栏，将工具都整合在一起，简化了界面，使界面更加整洁。

- RGB=255,255,255 CMYK=0,0,0,0
- RGB=3,154,198 CMYK=77,27,18,0
- RGB=120,207,194 CMYK=55,0,33,0
- RGB=234,113,105 CMYK=9,69,51,0
- RGB=255,112,67 CMYK=0,70,70,0

本作品为儿童教育机构在线平台应用界面设计。界面通过对音乐、故事、视频等不同内容的推荐，为孩子们提供多种多样的选择。黄色、橙红、蓝色、青色等不同冷暖属性的色彩搭配，使界面更加丰富、绚丽，更能吸引用户目光。

- RGB=255,191,9 CMYK=3,32,89,0
- RGB=255,95,61 CMYK=0,76,72,0
- RGB=255,255,255 CMYK=0,0,0,0
- RGB=248,60,46 CMYK=0,88,80,0
- RGB=78,131,225 CMYK=72,46,0,0
- RGB=106,202,172 CMYK=59,0,43,0
- RGB=135,79,241 CMYK=70,72,0,0

本作品采用矢车菊蓝作为主色，给人一种沉静、放松的感觉，突出了应用的性质。并使用橙黄色、青绿色、西瓜红等色彩作为点缀，增强了界面的视觉冲击力。

- RGB=78,112,246 CMYK=77,58,0,0
- RGB=255,255,255 CMYK=0,0,0,0
- RGB=251,188,48 CMYK=5,34,83,0
- RGB=56,195,166 CMYK=68,0,47,0
- RGB=253,98,114 CMYK=0,75,41,0

◎4.3.2 单一色调的色彩设计

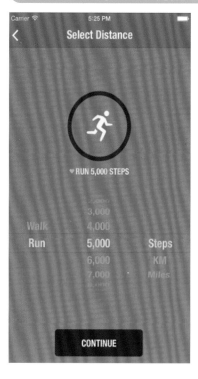

单色的色彩设计方式与极简风格相结合，其最大的优点就是可以设计出清晰的界面，使手机界面变得更简洁。单色的使用可以提高用户的体验度，通过改变单一色彩的饱和度和亮度，就可以产生多种颜色，赋予界面灵动性，使手机主题不会过于单调。

设计理念：作为指定个人目标的应用，本界面为计划跑步五千步，整个界面呈现出简洁的效果。

色彩点评：橘色可以使人产生一种积极向上的感觉。

圆形的中间是一个人在跑步的状态，使用户可以通过图形就明白自己制订的计划。

橘色可以给人一种鼓励、阳光的感觉，激励用户实现自己确定的目标。

RGB=255,112,76 CMYK=0,70,66,0
RGB=127,56,38 CMYK=51,85,93,24
RGB=255,255,255 CMYK=0,0,0,0

本作品为使用数据表统计界面设计。界面通过折线的使用与下方对应时间的组合，形成富有条理的信息传达效果。青色、蓝紫色、粉色与紫色的渐变使用，形成邻近色搭配，给人一种清新、浪漫、梦幻的视觉感受。

RGB=65,254,235 CMYK=53,0,25,0
RGB=114,128,255 CMYK=66,51,0,0
RGB=185,160,255 CMYK=38,40,0,0
RGB=249,172,251 CMYK=16,40,0,0
RGB=232,102,230 CMYK=31,65,0,0

本作品为理财应用界面设计，界面对用户8月份的收入与支出进行了统计。蓝色环形的统计图为支出，通过蓝色的深浅进行类别的对比。

RGB=6,159,223 CMYK=76,26,5,0
RGB=93,194,242 CMYK=60,9,4,0
RGB=148,216,246 CMYK=45,2,5,0
RGB=255,255,255 CMYK=0,0,0,0
RGB=0,188,188 CMYK=72,3,35,0

◎ 4.3.3　色彩设计技巧——统计图的应用

　　统计图在手机软件中是较为常用的图形。作为理财应用、健身应用，需要统计用户的各类花销、各种运动的锻炼量等。采用统计图可以获得一种直观的视觉效果。

该界面采用线性统计图，在颜色的选择上为同色系，获得了一种渐变的视觉效果，给人一种舒适感。	作为理财应用，设计时大多会采用环形统计图。环形由不同的颜色组成，便于进行分类区分，下方为详细的清单。	该界面采用环形统计图的设计，通过颜色显示百分比，同时配有柱形图加以辅助，可以获得直观的视觉效果。

配色方案

双色配色

三色配色

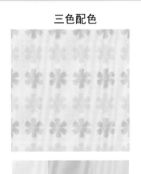

五色配色

◎ 4.3.4　色彩设计欣赏

4.4 字体

字体作为人们日常沟通的载体，最重要的是要让人们直观地认知。IOS 系统常选择华文黑体或者冬青黑体，Android 系统则是英文字体采用 Roboto，中文字体采用 Noto。但应注意在设计时，不要把字体设计得过于古怪，过于古怪会影响文字的可读性。同时，字体的使用要与手机界面其他元素相平衡。

特点：

◆ APP UI 的字体字号最好不小于 11pt，这样才不会影响正常视距下的阅读；

◆ 应用各种不同的字体会体现不同的视觉效果。例如，细线体、衬线体可以用在关于女性的应用上，可以体现女性优雅的特性。

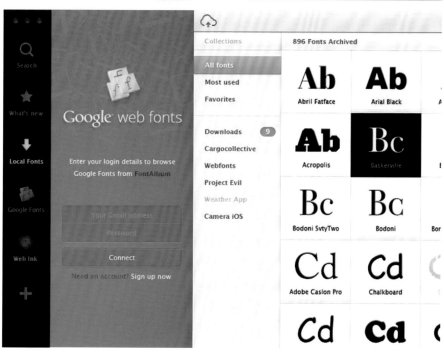

◎4.4.1 应用中的字体设计

在应用中虽然文字主要以用户易懂为导向，但可以通过简单的字体变形，展现应用自己的风格特点。

设计理念：通过从上到下进行整齐的路线排列，可以获得一种清晰明了的视觉效果，使用户方便地找到适合自己的出行路线。

色彩点评：黑色的背景凸显出以白色为底的标题，使用户看到自己所去的目的地。同时在白色的字体中蓝色、绿色也较为明显，具有提醒作用。

🔵1 本界面为地图导航的文字导航界面。通过路程顺序排列，给用户指定了到达目的地的路线。

🔵2 为了使用户对路线更加清晰，通过颜色进行区分，使用户对车辆的行驶路线更加了解，方便用户到达目的地。

- RGB=255,255,255 CMYK=0,0,0,0
- RGB=55,53,58 CMYK=79,75,67,41
- RGB=0,163,255 CMYK=72,27,0,0
- RGB=138,218,5 CMYK=52,0,96,0

本作品为音乐播放器的播放界面，整个界面以音乐专辑封面为主，将英文字母打断重新排列，在红色背景的衬托下，白色文字可给人一种另类、独特的视觉感受。

- RGB=81,20,35 CMYK=61,96,77,49
- RGB=255,255,255 CMYK=0,0,0,0
- RGB=234,24,65 CMYK=8,96,67,0

本作品为手机应用的启动界面，以黄色作为背景色衬托文字。通过文字的变形，将 H 中间设计成梳子的形状，将 A 进行了笔画上的简化等，并为所有文字增加了投影，使其更具有立体感。

- RGB=255,252,103 CMYK=8,0,66,0
- RGB=0,0,0 CMYK=93,88,89,80
- RGB=55,170,209 CMYK=71,19,16,0

◎4.4.2 图标中的字体设计

图标中常有图文结合的画面,通过对文字的改动,可以使图标变得更加生动有趣,给人留下深刻的印象。

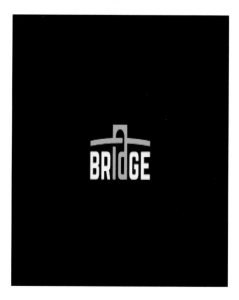

设计理念: 将图标中的文字进行变化,使图标变得更加生动有趣。

色彩点评: 将绿色的"A"字作为桥体的设计元素,吸引了人们的注意力。

❶ 应用图标为英文单词桥,将中间的 A 进行改动,通过将 A 字中间的横延伸到两端,变成了桥面。

❷ 作为移动应用的标志,它的作用是将人们彼此连接起来,就像一座桥把大家连接起来。

RGB=0,0,54 CMYK=100,100,64,51
RGB=255,255,255 CMYK=0,0,0,0
RGB=0,199,149 CMYK=71,0,56,0

作为手机应用商店的图标设计作品,本标志以蓝色作为背景色,突出了白色的图标。图标中的文字以笔刷的形式拼接成一个 A 字,也与 APP 的首字母相互呼应。

RGB=29,137,228 CMYK=78,41,0,0
RGB=255,255,255 CMYK=0,0,0,0
RGB=0,0,0 CMYK=93,88,89,80

本作品为手机应用商店图标。使用图形与文字相结合的形式,黑色的背景突出了白色的图形标志。手机剪影形象地表达了手机的系统。

RGB=255,255,255 CMYK=0,0,0,0
RGB=4,2,5 CMYK=92,88,86,78

◎4.4.3　字体设计技巧——文字样式的修改

文字在 APP 的界面中拥有很重要的地位，其具有易读性，可以进行快速浏览。在设计时可以对文字样式中的颜色、字体大小、加粗、斜体、下划线等进行修改。但要注意被修改的文字最好不要超过整个文本的 10%，否则就会本末倒置、喧宾夺主。

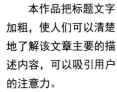

本作品把标题文字加粗，使人们可以清楚地了解该文章主要的描述内容，可以吸引用户的注意力。	作为网络聊天应用，该界面将应用的标志文字描边加粗，在白色背景的衬托下，使其更加突出，有效地增强了用户的关注度。	在界面中同一个区域的文字最好使用同一个字体，如上图中的左图，游戏菜单中混合了几种不同的字体，使整个界面变得支离破碎。而右图采用了同一种字体，增强了界面的观赏性。

配色方案

双色配色　　　　　　　　三色配色　　　　　　　　四色配色

◎4.4.4　字体设计赏析

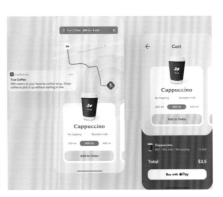

4.5 导航栏

导航栏是指侧面和顶部区域。通常在页眉横幅下面设置一排水平的导航按钮，也有在右上角或者左上角设置一个简易汉堡包的图标，通过点击或者滑动界面，将导航栏都收集到同一个界面中。

特点：

◆ 起到索引的作用；

◆ 节约了移动端的界面空间，使其更有条理性、整洁性。

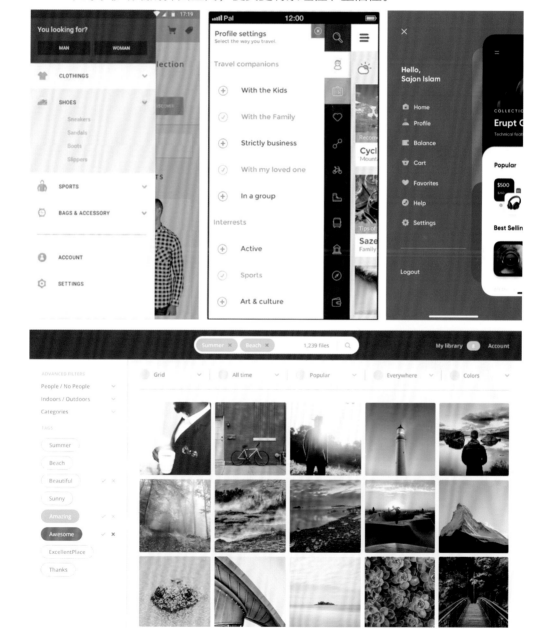

◉ 4.5.1 顶部与底部的导航栏设计

顶部与底部的导航栏一般会相互呼应、对称设置，通过滑动就可以在界面上找到其他隐藏的功能。

设计理念：本作品为移动应用程序——智能家居系统界面设计。本界面为不同家居空间环境的温度表详情数据界面。通过圆盘与计时器的图形直观地展现出温度的变化，具有较强的便利性。

色彩点评：采用白色作为导航栏背景色，与整体界面色彩一致，给人一种、简约、统一的感觉。

❶ 使用红色作为当前搜索命令图标的色彩，与其他图标形成对比，方便用户了解当前界面信息。

❷ 上方的导航栏可以隐藏，具有节省空间的作用。

RGB=11,23,45　CMYK=98,94,65,54
RGB=255,255,255　CMYK=0,0,0,0
RGB=237,241,244　CMYK=9,5,4,0
RGB=230,55,36　CMYK=10,90,89,0
RGB=248,168,69　CMYK=4,44,75,0
RGB=8,121,253　CMYK=81,52,0,0

本作品为食物制作的应用界面设计。作为底部的导航栏，采用金黄色的色彩与界面的绿色相互呼应。导航栏的中间按钮为突出的设计，使简单的导航栏变得更具活力。

RGB=95,208,128　CMYK=61,0,64,0
RGB=81,160,103　CMYK=71,22,72,0
RGB=42,88,62　CMYK=84,56,84,23
RGB=255,255,255　CMYK=0,0,0,0
RGB=248,195,21　CMYK=7,29,89,0

本作品为应用软件导航栏的位置调换界面设计，将新版本与老版本进行了对比。相对于老版本的导航栏位置，新版本将导航栏放在底部，方便用户的操作，更加人性化。

RGB=236,235,241　CMYK=9,8,4,0
RGB=255,255,255　CMYK=0,0,0,0
RGB=57,87,157　CMYK=85,70,15,0
RGB=0,0,0　CMYK=93,88,89,80
RGB=221,76,144　CMYK=17,82,14,0

◉ 4.5.2 "汉堡包菜单"的导航栏设计

汉堡包菜单，又称侧边栏导航菜单。它的优点就是将功能集中，使界面不凌乱。通过汉堡包菜单的设置，可将用户不常用的功能整合，全部放进菜单中，使有限的屏幕空间展现用户最需要的功能。该设计可以让用户得到更好的体验。

设计理念：右上角的图标设计，通过点击或侧滑会出现汉堡包菜单，将功能进行了整合。

色彩点评：现代感十足的背景色，充满了工业化的气息，而黄色作为点缀色，起到了画龙点睛的作用，使整个界面更具层次感。

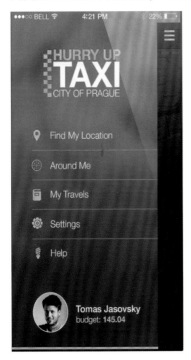

① 本作品为一个打车软件，为用户打车提供服务。通过向右侧滑动手机屏幕，就会出现一个导航栏的界面，将一些功能进行一定的整合，方便用户的查找与使用。

② 每个功能前的图标、HURRY UP、Settings 等都采用黄色，明亮的黄色具有一定的提示作用，丰富了单一的界面空间。

RGB=89,100,104 CMYK=72,59,55,7
RGB=255,255,255 CMYK=0,0,0,0
RGB=240,199,0 CMYK=12,25,91,0

本作品为天气预报应用界面设计。用户通过向左滑动屏幕，就会出现侧滑的导航栏。其中有用户所关注城市及简单的天气预报。只要点击城市，就会出现其详细的预报。

RGB=223,81,80 CMYK=15,81,62,0
RGB=255,255,255 CMYK=0,0,0,0
RGB=74,70,97 CMYK=88,77,50,12

本作品为云盘储存应用的侧滑导航栏界面。通过单击更多选项按钮调出导航栏，通过色彩与图标将命令进行区分，具有较强的识别性。

RGB=35,34,39 CMYK=84,80,73,57
RGB=4,210,247 CMYK=65,0,11,0
RGB=59,113,187 CMYK=80,54,5,0
RGB=44,172,87 CMYK=74,10,83,0
RGB=237,190,0 CMYK=13,30,92,0
RGB=206,85,118 CMYK=25,79,37,0

◎ 4.5.3　导航栏设计技巧——适用屏幕旋转的设计

当我们打游戏、看视频时，手机的屏幕会自动旋转到适合我们视角的方向。基于这种功能，在 UI 设计时要考虑到不同的屏幕尺寸。

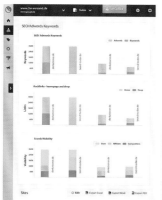

作为屏幕旋转后的导航栏，展现的东西也不尽相同。左边为竖屏模式，因为屏幕宽度不够，所以省略了导航栏中的名称文字。相较于左边的横屏模式，在宽度够宽的情况下，增加导航栏的宽度，可以显示各功能的名称。

配色方案

双色配色	三色配色	四色配色

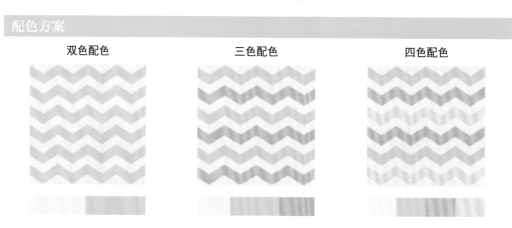

◎ 4.5.4　导航栏设计赏析

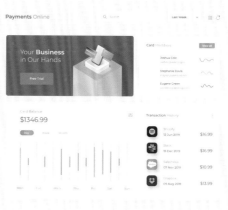

4.6 主视图

主视图相当于手机的主页。主视图可将应用的重要功能与最新的资讯展现给用户，还可以根据用户的习惯与喜好，进行相应的信息推送。

特点：

◆ 新闻资讯类应用在主视图上一般出现的是最近较新的新闻；

◆ 主视图界面会根据用户的使用、搜索习惯，进行相应的推送。

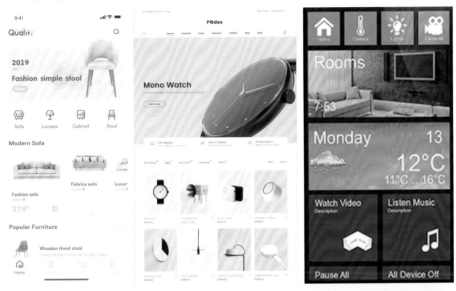

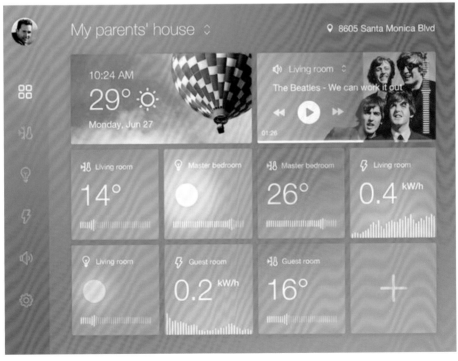

◎4.6.1 骨骼型的主视图设计

主视图采用骨骼型的版式设计，骨骼型是一种较为规范的、理性的设计方式。采用这种方式能够把复杂的内容简单化，给人一种有秩序、严谨的感觉。

设计理念：采用骨骼型的构图方式，可使不同的食物分类更加鲜明，便于用户挑选。

色彩点评：通过色彩的运用使界面展现出鲜活、自然的视觉效果，给人一种充满活力的感觉。

1️⃣ 本作品为健康饮食 APP 的详情界面，将整个版面进行合理划分，充分利用空间。

2️⃣ 每种水果或是蔬菜都有自己的专属色彩。通过这些浅色调色彩的使用，给用户带来清新、放松的视觉感受。

RGB=254,233,127 CMYK=5,10,58,0

RGB=117,198,61 CMYK=59,0,91,0

RGB=242,13,98 CMYK=5,61,58,0

RGB=255,231,226 CMYK=0,15,9,0

RGB=234,255,217 CMYK=13,0,22,0

RGB=255,255,255 CMYK=0,0,0,0

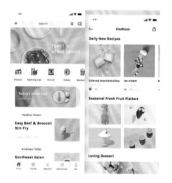

本作品为美食社区交流软件界面设计。作品采用骨骼型构图方式，通过对不同甜品或水果照片的排列，将信息清楚地传递出来。粉色为主色调的画面给人一种活泼、可爱、俏皮的感觉，易获得用户的喜爱。

RGB=255,255,255 CMYK=0,0,0,0

RGB=255,205,214 CMYK=0,29,8,0

RGB=236,78,108 CMYK=8,82,41,0

RGB=255,205,50 CMYK=4,25,82,0

RGB=165,210,241 CMYK=40,9,3,0

RGB=146,239,247 CMYK=42,0,13,0

本作品为智能家居应用界面设计。界面通过骨骼型的构图将不同的信息排列规整，并将干花与客厅图像作为背景，使整个画面生活气息非常浓厚，给人一种亲切、温馨的感觉。

RGB=185,180,160 CMYK=33,28,37,0

RGB=255,255,255 CMYK=0,0,0,0

RGB=88,88,88 CMYK=72,64,61,14

◉ 4.6.2 重心型的主视图设计

重心型的主视图以图形内容为主要设计元素,增强了视觉冲击力,在使用该应用时,能够抓住用户的眼球,吸引用户的注意力。

设计理念:作为购物车结算界面,本界面采用重心型的构图方式,将贝壳耳环产品放置在画面的视觉重心位置,以增强其视觉吸引力。

色彩点评:使用互补色形成较强烈的视觉冲击力,给人一种鲜明、醒目的感觉。而将白色作为缓冲色,使整个界面色彩更加自然。

1️⃣ 网上购物作为流行的消费方式,具有较大的受众群体,因此电商平台需要将产品信息清晰地传递,以获得消费者的认可。

2️⃣ 左对齐的文字排版方式使信息层次更加分明,给人一目了然的感觉。

RGB=255,255,255 CMYK=0,0,0,0
RGB=227,65,65 CMYK=12,87,70,0
RGB=0,170,91 CMYK=77,10,82,0
RGB=204,165,122 CMYK=25,39,54,0

本作品为天气预报界面设计,通过该界面可以使用户一目了然地看到今天的天气情况,同时底侧的位置预报了未来四天的天气情况,通过生动形象的图形给人一种直观感受。

RGB=9,51,63 CMYK=95,77,64,40
RGB=59,131,175 CMYK=77,43,22,0
RGB=211,207,198 CMYK=21,18,22,0
RGB=233,212,108 CMYK=15,17,65,0

本作品为运动交流平台应用的主界面。在界面中央位置的图像具有较强的视觉吸引力,通过色彩的使用可为用户带来运动、放松、惬意的视觉感受与使用体验。

RGB=255,255,255 CMYK=0,0,0,0
RGB=60,160,194 CMYK=72,25,21,0
RGB=254,171,137 CMYK=0,44,43,0
RGB=22,108,247 CMYK=83,57,0,0
RGB=30,33,42 CMYK=87,83,70,55

◎ 4.6.3　主视图设计技巧——采用不同的设计版式

　　版式设计是一种重要的视觉传达手段，通过合理的布局，将文字、图片等元素在界面中进行有机地整合，可以使界面更好地体现其内容，提高用户的使用满意度。

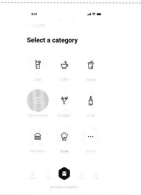

本图为洗发水购买界面。采用对称型的版式布局，均衡分割的界面给人一种整齐有序、一目了然的感觉。	该界面的布局采用均衡的分割方式，呈现出九宫格的形状，并使用圆形作为图标背景，增强了界面的灵动性。	作为运动计步器应用，采用了重心型的版式设计方式，使用户可以清楚地看到自己的完成进度，同时绿色具有健康的含义。

配色方案

双色配色　　　　　　　　　三色配色　　　　　　　　　四色配色

◎ 4.6.4　主视图设计赏析

4.7 工具栏

工具栏，顾名思义就是把各种工具整理在一个区域中，方便用户查找与使用的栏目。工具栏为位图式按钮行的控制条，用户可通过位图式按钮对应用进行一定的操作。工具栏中的按钮可以作为菜单选择项和菜单具有相同的功能，可以通过工具栏中的按钮直接链接到界面。

特点：

◆ 使界面更加干净整洁，便于使用者使用；

◆ 工具栏具有整合所用工具的作用，节省了界面的空间。

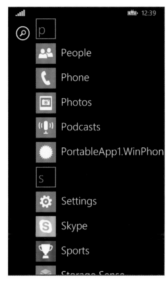
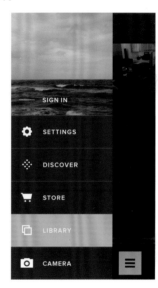

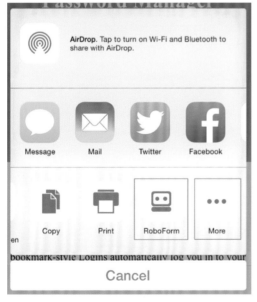

◎ 4.7.1 固定工具栏设计

固定工具栏一般设置在手机软件的上方或者下方，它们是应用中主要功能的集合体，具有固定的位置，相当于一个应用的菜单，因此不会跟随应用的内容信息而变动。

设计理念：作为一个社交应用，将一些功能整合在上方工具栏中，可使整个界面变得整洁且更有条理性、功能性和美观性。

色彩点评：标题工具栏为深蓝色，主界面为白色，两者相互衔接，呈现出干净的简洁界面，使人可以更加关注信息内容。

● 上方的工具栏将常用的功能放在界面上，其他功能集合在"汉堡包菜单"中。

● 用户通过固定的工具栏和全屏模式，可以浏览更多内容，减少其他信息的干扰性。

● 工具栏中每一个工具图标右上方有一个角标，通过角标可以看到新的信息，用户可以及时进行回复。

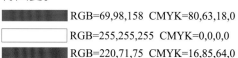

- RGB=69,98,158 CMYK=80,63,18,0
- RGB=255,255,255 CMYK=0,0,0,0
- RGB=220,71,75 CMYK=16,85,64,0

本作品为书籍阅读应用选择界面设计。当用户的手机拥有多个阅读器时，在手机下方会出现一个工具栏，上面有手机中阅读器的图标及名称，用户可以根据需求进行选择。

- RGB=153,153,153 CMYK=46,38,35,0
- RGB=255,255,255 CMYK=0,0,0,0
- RGB=250,155,35 CMYK=2,51,86,0
- RGB=255,211,0 CMYK=5,21,89,0
- RGB=141,193,251 CMYK=47,17,0,0

本作品为移动学习应用界面设计。当你打开你的课程，需要通过外部链接时，在屏幕底部的工具栏中点击图标，可以请求桌面网站，进行相应的内容扩展链接。

- RGB=32,83,102 CMYK=90,67,52,11
- RGB=197,235,248 CMYK=27,0,5,0
- RGB=255,255,255 CMYK=0,0,0,0
- RGB=135,230,136 CMYK=49,0,60,0
- RGB=20,101,235 CMYK=84,60,0,0

◎ 4.7.2 浮动工具栏设计

浮动工具栏是根据用户的实际需求而设计的，相较于固定工具栏具有一定的灵活性，用户可以根据自己的需求进行相应的设置。

设计理念：本作品为社交软件应用的浮动工具栏设计。将不同工具在界面的上方依次往右下角排列显示。

色彩点评：功能图标采用蓝色、绿色、橙色等色彩，具有较强的识别性。

① 弧形的图标排版增强了界面的流动感，减轻了深色界面的沉闷感。

② 浮动工具栏将重要功能整合，可使用户更加快速、便捷地找到所需程序。

- RGB=52,71,89 CMYK=85,72,55,19
- RGB=30,30,30 CMYK=84,79,78,63
- RGB=255,255,255 CMYK=0,0,0,0
- RGB=73,168,214 CMYK=68,23,12,0
- RGB=85,187,138 CMYK=66,5,58,0
- RGB=241,153,45 CMYK=7,50,85,0
- RGB=213,96,60 CMYK=20,75,78,0

本作品为手机浮动工具栏界面设计。作为新手机，当用户第一次使用时，会处于一个类似于新手教学的状态。图片中的内容为浮动工具栏的使用方式与文字介绍。

本作品为社交软件上个人的文章界面，通过浮动工具栏，可以进行评论，添加地点、图片、下载文章图片等。将3个功能进行整合，可使界面更加干净整洁。

- RGB=3,2,1 CMYK=92,87,88,79
- RGB=178,186,210 CMYK=35,25,10,0
- RGB=105,22,72 CMYK=65,100,55,22
- RGB=226,60,4 CMYK=13,88,100,0
- RGB=32,163,205 CMYK=74,23,17,0
- RGB=6,174,191 CMYK=74,13,29,0

- RGB=225,226,231 CMYK=14,11,7,0
- RGB=217,40,39 CMYK=18,95,90,0
- RGB=59,157,0 CMYK=75,20,100,0
- RGB=250,137,26 CMYK=1,59,88,0
- RGB=59,88,153 CMYK=84,69,18,0
- RGB=1,1,1 CMYK=93,88,89,80

◎ 4.7.3　工具栏设计技巧——带搜索功能的工具栏

工具栏为工具集合的功能条，将主要体现出的功能进行合并，合并在一个区域之中，既可营造一种特别的视觉效果，又可起到方便用户的作用。

作为浮动工具栏，可以将一些基本功能进行整合。通过集合在一个浮动工具栏上，可以使用户快捷方便地进入应用中。同时具有搜索功能，可以进行本地的搜索和网上搜索。

作为网上云盘的桌面浮动工具栏，可以在搜索栏中输入关键字进行查找。下方有一个过滤装置，可以就搜索的文件类型进行选择，方便用户更加快捷地找到所需的数据。

配色方案

双色配色　　　　　　　　　三色配色　　　　　　　　　四色配色

◎ 4.7.4　工具栏设计赏析

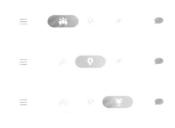

4.8 设计实战：社交软件用户信息界面设计

◎4.8.1 设计思路

应用类型：社交类软件。

面向对象：高端商务群体。

项目诉求：此应用专为高端人士量身定制，以在保证基本"信息安全"的前提下进行"高质量"的交流为主要诉求。主要要求是软件操作轻便化，使用过程中不会受到垃圾信息的骚扰。

设计定位：根据轻便、安全、高端等要求，界面在设计之初就将整体风格确立为简约时尚。在整个界面中，以用户照片和用户自选图像为主要图形，头像上方背景图可根据个人喜好而变换，如建筑物、风景画、山水画等，以此满足用户的个性需求。

◎4.8.2 配色方案

本案例选择了对比色配色方式，冷调的孔雀蓝和暖调的橙色，这两种颜色在彼此的映衬下更显夺目。

主色：界面主色灵感来源于孔雀羽毛，从中提取了高贵、素雅的孔雀蓝作为主色。孔雀蓝既保持了冷静之美，又不失人情味，具有一定的品位感。

　　辅助色： 由于主色的孔雀蓝属于偏冷的颜色，若采用过多冷调的颜色，则容易产生冷漠、疏离之感。而利用暖调的橙色则可以适度地调和画面的冷漠感。

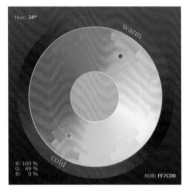
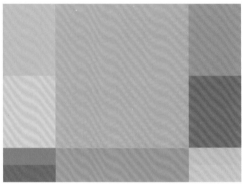

　　点缀色： 以高明度洁净鲜丽的青色作为点缀色，为孔雀蓝和橙色的偏暗搭配增添了一抹亮丽色彩。青色与孔雀蓝基本属于同色系，但明度更高一些，使用青色能够有效地提升版面的亮度。

　　其他配色方案： 除了深沉、稳重的暗调配色方案外，我们还可以尝试高明度的浅蓝搭配暖调的淡红色，同样是冷暖对比，但是两种低纯度的颜色反差感并不是特别强烈。清新的果绿色调也是一种很好的选择，适用人群更加广泛。

◎4.8.3 版面构图

整体界面以模块化加以区分，主要分为三大模块。界面上部为可置换的背景照片，下部为孔雀蓝色块，人物头像在两个模块之间，用户信息文字在人物头像下部。整个界面以一种中心型的方式编排，用户信息位于版面中央，起到一定的聚焦作用，让人一眼就能看到主题。

当前的用户信息界面是一种比较简洁的显示方式，用户的相册信息并未能够显示在本页上。如果想要进一步展示用户信息，可以将用户头像以及姓名等基本信息设置在版面上半部分，下半部分的区域用于相册的展示。也可以将人物头像图片替换成版面上半部分的自定义图片背景，更有利于用户头像的展示。

◎4.8.4 色彩

色　彩	分　析
	● 冷色调的孔雀蓝与暖色调的橙色形成鲜明对比，色彩大胆、鲜艳夺目。 ● 界面主色采用明度较低的孔雀蓝色，营造出深邃、沉稳的格调，打造出高端、奢华的界面视觉效果。
设计师清单	

◎4.8.5　字体

字　体	分　析
　　设计师清单 	● 通过左右两张图片的文字对比，可以看到左图中的字体较为纤细，给人一种修长的感觉。 ● 通过细线体展现出女性的独有特点，苗条纤细、高贵典雅。 ● 右侧的字体为粗体，会分散用户的注意力，使界面呈现出一种笨拙的感觉，不够灵巧。

◎4.8.6　导航栏

导航栏	分　析
 设计师清单	● 导航栏的设计采用标签的方式，通过标签上的颜色变化，表明正在打开的界面为哪一个界面。 ● 正在访问的界面标签采用的颜色与该界面的背景颜色相一致，呈现出柔和的视觉效果。

第 **5** 章　APP UI 设计的行业分类

游戏\社交\购物\工具\生活\娱乐\阅读\拍摄美化\新闻

随着科技的高速发展，智能手机不断更新换代，手机的屏幕越来越大，呈现给人们的视觉效果也越来越好。对于手机 UI 设计的要求也在逐渐提高，其中主要是对软件界面、操作逻辑、人机互动的设计。也可以根据应用行业进行 UI 设计的分类，主要可分为游戏、社交、购物、工具、生活、娱乐、阅读、拍摄美化、新闻九大类。

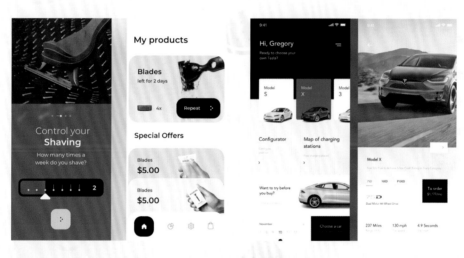

5.1 游戏类 APP UI 设计

　　游戏类 UI 设计主要是对游戏的图标、登录界面、游戏界面、局内道具等进行设计。游戏可分为网页游戏、客户端、移动端等。本章主要就移动端的 UI 设计进行介绍。

　　特点：

　◆　游戏 UI 设计首先应该考虑到良好的人机交互界面；

　◆　其次要考虑到游戏界面的操作逻辑、界面的美观度，使用户在感观上得到良好的视觉体验；

　◆　具有一定的大众娱乐性、互动沟通性、真实角逐性。全民参与的游戏可以以任何人为服务对象，给大家带来欢乐。游戏也可成为人们沟通的话题之一，因此其具有一定的社交性质。

◎5.1.1 游戏类 APP UI 设计——休闲类游戏

当前，手机已然成为人们日常生活必不可少的一部分，而休闲类游戏往往就可以打发空闲时间。这类游戏的基本特点是上手时间较短，不必花费过多的精力与财力，游戏中途可以随时中止。休闲类游戏是在劳作之后进行放松的娱乐方式，而不是让用户为之着迷而忘了正业。

设计理念：消除类休闲小游戏通常表现为通关排行的模式。该界面展示出用户通关级数，具有娱乐、放松的作用。

色彩点评：绿色作为界面主色调，具有缓解视觉疲劳，放松心情的作用。

① 游戏为休闲类的小游戏，便于用户放松心情。

② 绿色渐变的使用，与低明度的蓝紫色搭配，较好地展现出游戏通关级别。

③ 整个界面色彩明度与纯度较高，给人一种鲜活、明快的视觉感受。

- RGB=124,167,36 CMYK=59,22,100,0
- RGB=184,214,38 CMYK=38,3,91,0
- RGB=31,84,102 CMYK=89,66,53,11
- RGB=76,69,172 CMYK=82,79,0,0
- RGB=253,132,17 CMYK=0,61,90,0
- RGB=172,52,124 CMYK=42,91,26,0
- RGB=255,255,255 CMYK=0,0,0,0

本作品为飞行类游戏过关界面设计。该游戏总结界面中间突出了三颗橘黄色的星星，满星则代表完美通关，两颗或一颗则表示虽然通关却有不足。

- RGB=45,99,101 CMYK=84,56,59,9
- RGB=248,214,22 CMYK=9,18,87,0
- RGB=252,131,0 CMYK=0,61,92,0
- RGB=255,255,255 CMYK=0,0,0,0
- RGB=49,180,236 CMYK=69,14,4,0

本作品为双人对战休闲类游戏设计。界面通过在表格中填写 O、X，使对方不能成排连接起来。游戏界面结合星球形状，通过配色营造出一种深度感，可使界面拥有立体空间感。

- RGB=69,55,106 CMYK=85,90,40,6
- RGB=255,255,255 CMYK=0,0,0,0
- RGB=205,202,233 CMYK=23,21,0,0
- RGB=232,94,117 CMYK=11,76,39,0
- RGB=72,177,227 CMYK=67,17,7,0
- RGB=251,198,33 CMYK=6,28,86,0

◉ 5.1.2　游戏类 APP UI 设计——动作冒险类游戏

冒险类游戏通常指需要玩家自己操控角色进行冒险的游戏，这种游戏一般都通过游戏中的 NPC 进行任务交互来推动游戏情节发展。每款冒险类游戏都有自己独特的装备系统，同时可以看到角色的基本属性信息，还可以根据用户自己的喜好与道具的好坏配置装备，从而更顺利地通关。

设计理念：本作品为游戏商城购买界面，采用骨骼型版式，将游戏道具作为主体，给人一种醒目、直观的感觉。

色彩点评：黑色背景使金色的道具光芒更加耀眼、明亮。

🎮 本作品为冒险游戏的道具购买界面，将魔法石道具作为主体，具有较强的立体感，给人一种耀眼、璀璨的视觉感受。

🎮 冒险类游戏在界面中使用宝石、金币、盾牌等图标，使用户可以沉浸在游戏设定的场景与氛围中，获得更好的游戏体验。

- RGB=21,25,28　CMYK=88,82,77,65
- RGB=54,91,162　CMYK=84,67,13,0
- RGB=255,228,68　CMYK=6,12,77,0
- RGB=12,216,67　CMYK=67,0,89,0
- RGB=134,122,108　CMYK=56,53,57,1

本作品为游戏角色职业数据界面，可以通过道具与经验的增长对人物的各项数据进行升级与提高。该界面以低纯度的棕色作为主色调，凸显出复古、原始的游戏风格。

- RGB=102,93,77　CMYK=66,61,70,15
- RGB=230,108,66　CMYK=11,71,74,0
- RGB=53,160,140　CMYK=74,21,53,0
- RGB=32,242,32　CMYK=63,0,98,0

本作品为游戏内的召唤功能界面。本图为游戏玩家升级到某一等级后开启的召唤功能界面。通过商店或副本的通过获得的任务道具可以开启该界面。

- RGB=86,67,57　CMYK=67,71,75,33
- RGB=211,190,155　CMYK=22,27,41,0
- RGB=204,100,58　CMYK=25,72,80,0
- RGB=0,136,218　CMYK=80,40,0,0
- RGB=119,220,152　CMYK=54,0,54,0

游戏类 APP UI 设计技巧——游戏结束界面中评星的妙用

    游戏关卡结束的时候总会出现一个评分总结界面，有的是采用数字，有的则采用图形，给人一种直观的视觉感受。星形就是最常见的一种，通过直观的图形盈缺体现了用户的成绩。

本作品为游戏过关界面，采用评星的设计方式，相比分数而言能给人一种更直观的视觉感受，下方则是对成绩的详细数据分析。	本作品为三星通过本关卡界面，黄蓝的色彩搭配使整个界面更具动感。下面为过关奖励，通过下方选项可以回到主界面，也可以继续进行游戏。	该游戏界面中具有立体发光效果的星星给人一种灵动、跳动的感觉。并通过色彩的使用打造出明亮的画面，形成欢快、绚丽的游戏画面。

配色方案

双色配色

三色配色

四色配色

游戏类 APP UI 设计赏析

5.2 社交类 APP UI 设计

　　社交类软件支持手机通过网络发送文字、语音、视频、图片给好友，还可以根据定位查询附近的人以及通过个人界面分享自己的生活，同时也可以作为日常消费的移动钱包。此外，社交类软件还解决了跨越地区、种族、时区、文化差异的问题，扩大了人们的交友范围。

特点：

◆ 在聊天时可以发送图片、表情，增强了沟通的趣味性；

◆ 聊天界面不再单调古板，具有多重性，自由性；

◆ 社交类软件可以满足随机性、即时性的社交需求。

◆ 相较于面对面的交友方式，通过手机应用交友具有一定的隐私性。

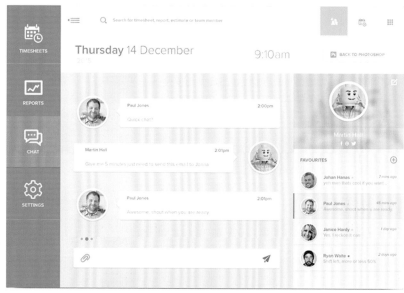

⊙5.2.1 社交类 APP UI 设计——电话短信

手机最为基础的功能为通话与短信功能，随着科技的发展与设计师的创新，现在的手机界面已不再像以前一样呆板单调。在界面的设计上更加注重功能性。现如今可以自定义联系人头像和聊天背景，使用户操作更方便。

设计理念：用户通话界面的设置，布局简单但功能强大。

色彩点评：以蓝色作为基调，给人一种安静、素雅的视觉感受。

① 重心型的版式设计，突出了联系人头像与名称，使用户一目了然地知道来电用户是谁。

② 醒目的红色具有警示作用，提醒用户按下此键之后，电话就会被挂断。

RGB=32,106,167 CMYK=86,57,17,0
RGB=17,66,107 CMYK=96,81,44,8
RGB=204,82,58 CMYK=25,81,79,0

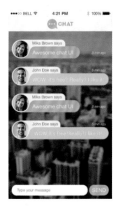

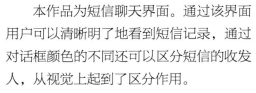

本作品为短信聊天界面。通过该界面用户可以清晰明了地看到短信记录，通过对话框颜色的不同还可以区分短信的收发人，从视觉上起到了区分作用。

RGB=102,94,91 CMYK=68,62,60,11
RGB=255,255,255 CMYK=0,0,0,0
RGB=53,152,220 CMYK=73,32,2,0
RGB=48,207,110 CMYK=67,0,73,0

本作品为用户的通话界面。该界面在原本极简风格的基础上加上了自定义头像显示和视频聊天功能，通过简易的线条就划分了界面区域，简易而不简单。

RGB=57,76,106 CMYK=85,74,47,8
RGB=95,110,138 CMYK=71,57,36,0
RGB=255,255,255 CMYK=0,0,0,0
RGB=0,0,3 CMYK=93,89,87,79
RGB=91,207,72 CMYK=62,0,86,0
RGB=230,87,105 CMYK=11,79,46,0

◉ 5.2.2 社交类 APP UI 设计——聊天交友

人们可以通过聊天软件沟通交流。相对于短信与通话功能，聊天软件具备了更多的社交性，使人们可以拥有更多展示自己的空间。

设计理念：本作品为双方工作交流聊天记录。界面简洁、整齐，给人一种严谨、认真的感觉。

色彩点评：紫色作为背景色，色彩柔和，带来舒适、惬意的视觉体验。

① 本作品为工作性质的交流软件，体现了严肃、郑重的特点。

② 白色与黑色、紫色与黄色两组互补色的搭配，使界面获得了较强的视觉冲击力，使人不易忽视。

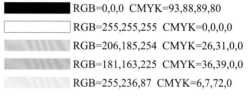

RGB=0,0,0 CMYK=93,88,89,80
RGB=255,255,255 CMYK=0,0,0,0
RGB=206,185,254 CMYK=26,31,0,0
RGB=181,163,225 CMYK=36,39,0,0
RGB=255,236,87 CMYK=6,7,72,0

本界面为社交软件的用户主页。用户可以通过文字、照片或是视频的形式将不同生活中的风景等有趣的动态进行记录、分享。

RGB=221,188,128 CMYK=18,30,54,0
RGB=255,255,255 CMYK=0,0,0,0
RGB=22,16,15 CMYK=84,84,84,72
RGB=178,206,229 CMYK=35,13,7,0

本作品为社交软件的聊天界面。界面采用不同的色彩作为聊天记录的底色，以此区分自己与对方的聊天内容，具有醒目、鲜明的特点。

RGB=255,255,255 CMYK=0,0,0,0
RGB=246,68,141 CMYK=2,84,14,0
RGB=73,74,98 CMYK=79,74,51,12

社交类 APP UI 设计技巧——图片在骨骼型版式设计的妙用

采用骨骼型的版式设计方式，将图片与文字在规定的空间中排列，可给人一种严谨、稳定的感觉。在社交类应用的设计中，通过视频、图片等更加形象的方式交友，可以使人们之间相互更加了解。

本作品为手机交流群组的用户个人界面。界面通过菜单栏索引的方式将界面图集调出，便于用户找到所需要的照片。

本作品采用骨骼型的版式设计方式，将拍摄的照片进行有序编排，使整个界面极为简洁、明了，具有较强的秩序感。

本作品为查找附近好友的应用界面。在该界面显示出好友以及附近的活动，便于用户根据自己的兴趣添加好友或参与活动。

配色方案

双色配色

三色配色

四色配色

社交类 APP UI 设计赏析

5.3 购物类 APP UI 设计

随着移动互联网的飞速发展，网上购物已从计算机发展到移动端，不再局限于一定的场所，因而可以随时随地地进行购物，在家里手指轻轻点一点屏幕，就可以购买到理想的商品，使购物变得更简单方便。

特点：

◆ 用户使用方便快捷，相对于线下实体店的销售，突破了空间、时间上的束缚，可以随时随地地购物；

◆ 购物类应用界面可以图文并茂地对产品进行描述，给人更直观的视觉感受；

◆ 通过手机可以直接与商家聊天，更加了解产品的功能。同时也方便商家进行商品的管理。

◎5.3.1 购物类 APP UI 设计——服装类

衣食住行是人们生活的必要条件，购物应用中主要以穿为主。本节主要对服饰、鞋类等穿着方面的界面进行分析。

设计理念：作为一个购物类的手机应用，该界面采用了规整的骨骼型与对称型作为产品展示页与首页的版式设计方式，使整个界面更加整齐有序。

色彩点评：白色的背景突出了文字信息与服装，获得更加鲜明、醒目的视觉效果。

➊ 骨骼型的构图方式使不同的服装清晰地展现在消费者面前，令人一目了然。

➋ 首页中色块与文字均呈居中分布，给人一种均衡、平稳的感觉，更便于阅读。

RGB=0,0,0 CMYK=93,88,89,80
RGB=255,255,255 CMYK=0,0,0,0
RGB=206,206,206 CMYK=23,17,17,0
RGB=71,255,68 CMYK=57,0,90,0
RGB=215,159,143 CMYK=19,45,40,0
RGB=98,128,146 CMYK=68,46,37,0

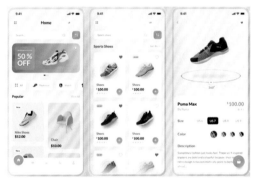

本作品为服装电商平台界面设计。该界面采用骨骼型构图方式，对不同的鞋类产品进行规整有序的排序，使消费者可以对不同型号、色彩的鞋类进行对比、购买。

本作品为购物类应用界面。该页主要为太阳镜产品的购买链接。将产品放在不同色块的背景上，使其更加鲜明、突出。同时浅色调的搭配，使界面呈现出明快、清新、雅致的视觉效果。

RGB=255,255,255 CMYK=0,0,0,0
RGB=127,87,188 CMYK=64,71,0,0
RGB=129,209,229 CMYK=51,3,13,0
RGB=255,124,126 CMYK=0,66,39,0
RGB=241,83,41 CMYK=4,81,84,0
RGB=191,226,1 CMYK=35,0,92,0

RGB=255,255,255 CMYK=0,0,0,0
RGB=231,235,238 CMYK=11,7,6,0
RGB=244,234,234 CMYK=5,11,7,0
RGB=162,200,199 CMYK=42,13,24,0
RGB=160,187,161 CMYK=44,18,41,0
RGB=142,144,146 CMYK=51,41,38,0

◎ 5.3.2　购物类 APP UI 设计——产品类

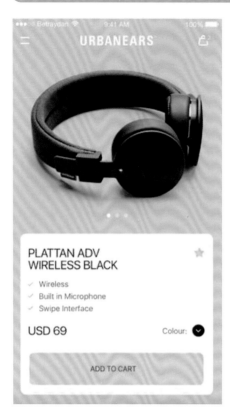

在日常生活中，人们都需要一些家具、电器、数码产品等物品。相应地也存在具有销售单一性质物品的应用。这些软件往往可使人们的生活变得更加便利、快捷。

设计理念：界面采用重心型的版式设计方式，直观地显示出物品信息。

颜色点评：浅色背景突出了物品的外观。下方按键采用黄色，起到提醒的作用。

① 界面一半的空间为商品的图片展示，可使购买者获得物品直观的印象。

② 下方为简单的文字介绍，介绍其功能与特点，同时写着用户较为关注的价钱。黄色的按钮具有较强的辨识性与引导性，用户可以通过点击该按钮购买商品。

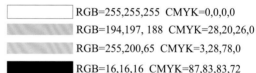

RGB=255,255,255 CMYK=0,0,0,0

RGB=194,197, 188 CMYK=28,20,26,0

RGB=255,200,65 CMYK=3,28,78,0

RGB=16,16,16 CMYK=87,83,83,72

本作品为买卖家具的应用界面设计。界面主要以纯白色为主，凸显家具的图片。黑色的字体在白色背景衬托下更加清晰，给人一种明确的视觉观感。淡青色的按键与星级评价起到了点缀的作用。

RGB=229,239,241 CMYK=13,4,6,0

RGB=255,255,255 CMYK=0,0,0,0

RGB=175,178,157 CMYK=38,27,39,0

RGB=124,208,216 CMYK=53,1,21,0

本作品为手表分类设计作品。界面采用对称型的版式结构，用物品均匀地分割界面，使界面给人一种很严谨的感觉，同时简单清爽的布局带来一种很强的形式美。

RGB=255,255,255 CMYK=0,0,0,0

RGB=243,243,243 CMYK=6,4,4,0

RGB=23,23,23 CMYK=85,81,80,68

RGB=64,181,237 CMYK=67,15,3,0

购物类 APP UI 设计技巧——对称型版式设计的妙用

　　对称型的版式设计可使人产生一种稳定和安全感。购物类应用多以"绝对对称"作为布局方式，这种构图方式最为方便且视觉效果最好。

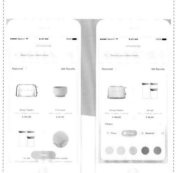

该耳机购买页采用白色作为背景色，天蓝色作为辅助色，获得了干净、清新、明亮的视觉效果。	该界面采用对称型的构图方式，左右两侧的产品均衡、稳定地排列，获得了干净、整齐的视觉效果。	本作品采用重心型与对称型结合的版式设计方式，将产品放大并放在视觉焦点处，同时下方鞋码与价格呈绝对对称的布局，给人一种严谨、端正的感觉。

配色方案

双色配色　　　　　　　　　三色配色　　　　　　　　　五色配色

购物类 APP UI 设计赏析

5.4 工具类 APP UI 设计

　　随着数码信息技术的不断发展，智能手机的功能越来越强大，不仅包括通话、短信功能，还包括一些工具类应用，比如闹钟、便签、地图导航、天气预报、计算器等，这些应用使人们的生活变得更加方便、舒适。

特点：

◆ 提高人们的工作效率，合理规划人们的工作时间；

◆ 手机整合了大多数工具，方便人们出行。

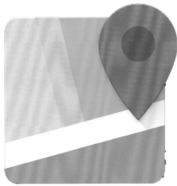

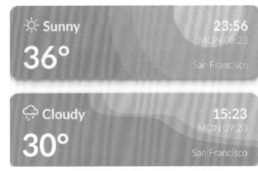

◉ 5.4.1　工具类 APP UI 设计——地图导航

　　随着城市中道路、地铁、高架桥的修建,交通更加发达便利,使城市越来越现代化。但是,这也增加了人们迷路的风险,因此地图导航应用应运而生。地图导航通过在软件上搜索出发地与目的地,就可以计算出多条路线,供用户根据自身的情况自行选择。

　　设计理念:界面文字与图形丰富,版面饱满,给人一种和谐、统一的视觉感受。

　　色彩点评:以淡灰色作为背景色,使文字与图像更加醒目,给人一种清晰明亮的感觉。

　　🔵 本作品作为咖啡购买应用界面设计作品,加入导航界面,使用户可以快速找到附近的咖啡店。

　　🔵 卡通图形与实景照片组合的方式一方面增强了界面的趣味性;另一方面突出展现了店面干净、明亮的特点,可使用户更加放心地消费。

- RGB=255,255,255　CMYK=0,0,0,0
- RGB=241,242,246　CMYK=7,5,2,0
- RGB=0,0,0　CMYK=93,88,89,80
- RGB=247,178,0　CMYK=6,38,91,0
- RGB=239,214,183　CMYK=9,20,30,0
- RGB=62,123,196　CMYK=77,49,3,0

　　本作品为食品外送服务的软件界面设计。通过导航界面中路线的变化告知用户距离的变化,使用户可以清晰地了解送达时间。

- RGB=255,255,255　CMYK=0,0,0,0
- RGB=241,245,253　CMYK=7,4,0,0
- RGB=63,58,87　CMYK=83,83,52,19
- RGB=250,26,90　CMYK=0, 94,47,0

　　本作品为地图导航应用的主界面设计。用户可以使用软件进行目的地位置的查询与导航,便于用户更好更快地出行。

- RGB=255,255,255　CMYK=0,0,0,0
- RGB=242,242,242　CMYK=6,5,5,0
- RGB=255,116,116　CMYK=0,69,43,0
- RGB=250,162,117　CMYK=1,48,52,0
- RGB=189,152,191　CMYK=32,46,8,0
- RGB=111,188,234　CMYK=57,15,4,0
- RGB=59,203,202　CMYK=66,0,31,0

◎ 5.4.2　工具类 APP UI 设计——天气预报

天气预报作为手机中的一种应用功能，在传统布局应用的基础上，进一步设计增加了更多的功能。可以设置锁屏界面，方便用户查看天气。随着天气的变化还增加了一些人性化的设置，如提醒用户带伞，根据今天的天气情况，给用户一种穿衣推荐等。

设计理念：在锁屏上显示天气预报，使用户可以方便快捷地查询温度与天气情况。

色彩点评：青蓝色到青绿色的渐变作为背景色，使界面更显朦胧、梦幻。

➊ 作为天气预报的界面，具有地点及相应的天气情况，同时也可以分享天气情况到社交软件上。

➋ 青色的背景图案与红色的桥和船相互呼应，表达了雨水来临之前的一种平静，软件根据天气的变换相应变换界面，给用户一种直观的视觉感受。

RGB=72,138,160 CMYK=74,38,33,0

RGB=94,176,164 CMYK=64,16,42,0

RGB=231,82,76 CMYK=10,81,64,0

本作品为天气预报的两个界面，通过界面背景的颜色区分为白天和夜晚两个模式。界面采用重心型的版式布局方式，突出了当时天气的情况和温度，同时下方还具有其他功能。

本作品布局简单清爽，可以查询当天的温度信息。整个界面以图片为主，突出下方的实时温度，一些国家或地区会使用华氏度作为温度的计量单位。

RGB=255,255,255 CMYK=0,0,0,0

RGB=4,4,4 CMYK=91,87,87,78

RGB=247,143,0 CMYK=3,56,93,0

RGB=23,157,190 CMYK=76,25,24,0

RGB=84,206,221 CMYK=61,0,20,0

RGB=88,174,158 CMYK=66,16,45,0

RGB=255,176,27 CMYK=1,41,87,0

RGB=80,65,120 CMYK=81,85,34,1

工具类 APP UI 设计技巧——圆形的应用

工具类的应用使手机具有了更加强大的功能性。在手机管理应用和指南针的应用中，采用了圆形的图形，给人一种动态的视觉感受。

清晰的圆形指南针图形，使指定的方位更加确切详细，给用户一种严谨、准确的视觉感受。	作为手机清理应用和管理手机应用，可以清理手机垃圾。界面中类似于迈速表的图形，通过指针的转动，表明手机清理的过程，使界面更有动感。	作为工具类应用的指南针，采用刻度详细的圆形盘面，通过红色区域的划分，进行详细的地理位置显示，可使人获得直观的视觉效果。

配色方案

双色配色

三色配色

四色配色

工具类 APP UI 设计赏析

5.5 生活类 APP UI 设计

实用的生活类应用会让用户忙碌繁杂的生活变得更加条理规范，轻松简单，提高人们的生活质量，帮助人们体验更有效的、更便捷的生活方式。例如可以通过打车应用打车；利用外卖应用点餐；利用超市的送货软件，在手机上进行自助购物，足不出户就能吃到新鲜的水果。

特点：

◆ 更为方便、快捷，服务广大消费者；

◆ 与在实体店购物相比，无需花费时间排队，节省了用户的时间；

◆ 可以体验到舒适到家的服务。

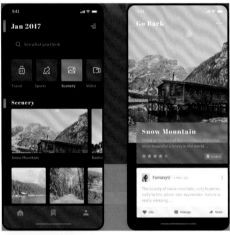

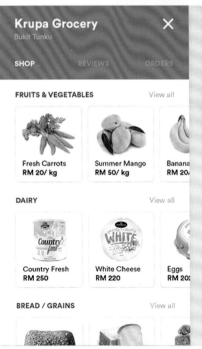
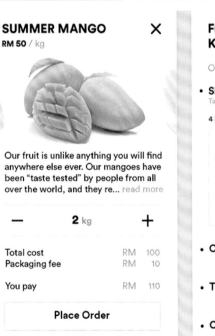

◎5.5.1 生活类 APP UI 设计——旅游

随着人们生活品质的逐渐提升，外出旅游也更加普遍。开发出查询出行飞机航班、火车等交通工具信息的手机应用，可以帮助人们在出行前制订一个旅游计划，也可以根据用户的行程路线对周边景点进行查询，为用户制订旅行的参考。

设计理念：飞机航班的查询与机票购买。界面具有动态的折叠效果。

色彩点评：航班信息以蓝色为主，给人一种蓝天的感觉。

① 本作品为航空信息订票系统，预定两张航班的机票，其中一张机票的航班信息可以在界面中隐藏起来。

② 以蓝色作为航订信息的背景色，可以吸引用户的关注。

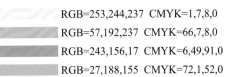

RGB=253,244,237 CMYK=1,7,8,0
RGB=57,192,237 CMYK=66,7,8,0
RGB=243,156,17 CMYK=6,49,91,0
RGB=27,188,155 CMYK=72,1,52,0

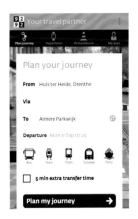

本作品为指定旅游计划的手机应用界面设计，它可以帮你在出门游玩之前，制订一个计划，对于自己乘坐的交通工具、需要游玩的景点进行记录，方便用户使用，便捷而高效。

RGB=0,153,221 CMYK=77,30,3,0
RGB=255,255,255 CMYK=0,0,0,0
RGB=34,34,34 CMYK=83,78,77,60
RGB=88,106,21 CMYK=72,51,100,13

作为景点的观光指南，该界面推荐了该区域最好的休息场所，以方便用户的挑选。对于各个地方还有简单的介绍和价格提示，用户通过评星系统，可以作最直观的参考。

RGB=189,234,255 CMYK=30,0,1,0
RGB=255,255,255 CMYK=0,0,0,0
RGB=150,85,64 CMYK=47,74,78,9
RGB=255,177,19 CMYK=1,40,89,0

⊙5.5.2 生活类 APP UI 设计——外卖

为了让人们的生活更加便利，一些大型超市提供了网上购物应用，消费者足不出户就可以挑选到精美的物品。同时还有一些外卖软件应运而生，随着指尖的滑动，就可以在家里享受到高品质的食物。

设计理念：采用水平型的版式设计，使整个界面井然有序，方便用户浏览、选择、分类。

色彩点评：采用黑白灰进行搭配，突出了产品的鲜艳亮丽。

⬤ 水平型的版式设计，给人一种整洁、干净的视觉感受。可以清楚地进行分类，使用户一目了然，方便用户选择。

⬤ 颜色上突出了食物的美观与品质，采用黑白灰作为背景色，给人一种视觉上的享受。

RGB=227,227,227 CMYK=13,10,10,0

RGB=248,37,95 CMYK=1,92,45,0

RGB=22,21,27 CMYK=87,85,76,66

RGB=255,255,255 CMYK=0,0,0,0

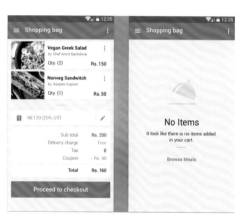

外卖应用是较为常用的应用软件，用户足不出户，就可以在上面选择自己想要品尝的食物。对于该类软件的使用，应用中会提供一些折扣优惠，可以在购买中进行相应的抵扣。

RGB=235,60,36 CMYK=7,88,88,0

RGB=255,255,255 CMYK=0,0,0,0

RGB=243,243,243 CMYK=6,4,4,0

RGB=150,201,112 CMYK=49,6,68,0

外卖应用可以在手机上选择并在购物车中进行统一的结算，还可以通过多种方式进行支付，以方便用户的就餐。

RGB=255,132,98 CMYK=0,62,57,0

RGB=255,255,255 CMYK=0,0,0,0

RGB=255,173,38 CMYK=1,42,85,0

生活类 APP UI 设计技巧——网上超市的便捷购物

由于人们生活的节奏越来越快，网上购物已成为一种趋势。用户可以通过超市应用的搜索系统，更快地了解产品信息，节省购物的成本。

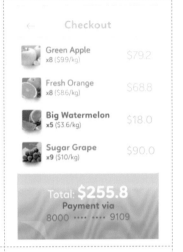

作为超市购物应用的物品详情界面，通过文字和图片可使用户了解到该水果的信息及价格，并通过添加数量进行购买。

作为超市的售货应用，会对商品进行打折销售，用户通过直观的打折标签与价格上的对比，可进行食物的购买。

本界面为结算界面，用户可以看到购物车中的详细列表，使消费变得更加公开透明。最后用户使用银行卡结算购物车中的物品。

配色方案

双色配色

三色配色

五色配色

生活类 APP UI 设计赏析

5.6 娱乐类 APP UI 设计

在繁忙的工作、单调的学习、繁重的生活压力下，娱乐类软件如雨后春笋般出现，使人们的生活变得更加丰富多彩。现代化生活中拥有许多娱乐应用，这些应用多以视频、音乐等为主，闲暇之余能够缓解人的紧张情绪，调节人的身心。

特点：

◆ 用户易于使用，可以根据视频、音乐各自的情感与类型进行分类、挑选；

◆ 相较于音响、电视机，手机便于携带，可以随时随地地进行观看与欣赏；

◆ 可以通过下载的方式，在没有网络的环境下，利用本地文件也可以进行娱乐。

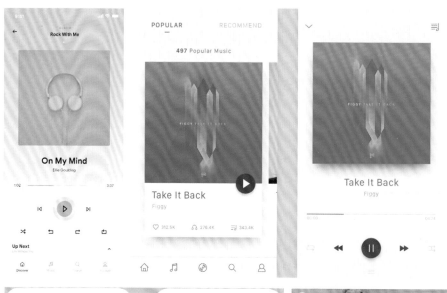

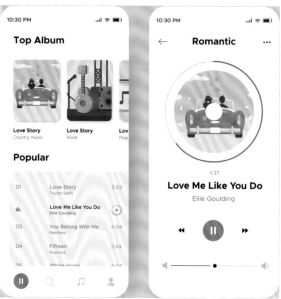

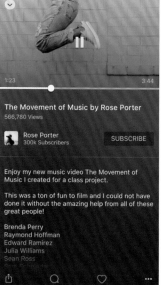

◉ 5.6.1 娱乐类 APP UI 设计——音乐播放器

音乐是表达情感的一种方式，人们在上班、下班、等车的时候，往往会戴上耳机，沉浸在音乐的世界里，体会其中曲调的情感。音乐播放器已成为手机必备的应用。这种应用也可以根据环境的不同播放不同的歌曲，如左图应用可以在不同的场景播放不同类型的音乐。

设计理念：对于使用场景的不同，可以选择不同的音乐作为背景音乐。

色彩点评：采用渐变的颜色，在视觉上给人一种空阔的感受。

❶ 该应用针对使用环境的不同，将歌曲分为六种类型，例如睡觉的时候适合播放平静舒缓的音乐，而在娱乐的时候适合播放节奏感强的音乐。

❷ 深蓝色渐变到紫色的颜色效果，结合对称的版式设计，给人一种稳定感、通透感。

RGB=255,255,255 CMYK=0,0,0,0
RGB=4,20,58 CMYK=100,100,63,42
RGB=39,157,193 CMYK=75,26,22,0
RGB=183,108,255 CMYK=52,60,0,0

本作品为音乐播放器的播放界面设计。界面使用磁带作为主图，使整个界面呈现出复古风。并通过下方的音波图形增强界面的动感，使界面更具视觉感染力。

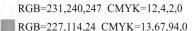

RGB=231,240,247 CMYK=12,4,2,0
RGB=227,114,24 CMYK=13,67,94,0
RGB=60,89,94 CMYK=81,62,58,14

本作品为音乐播放器的播放界面与歌单界面设计。通过滑动与点击可以快速切换歌曲。紫色、蓝色与红色等鲜艳色彩的搭配使界面极具视觉吸引力。

RGB=53,58,63 CMYK=81,73,66,37
RGB=255,255,255 CMYK=0,0,0,0
RGB=255,0,255 CMYK=37,76,0,0
RGB=0,36,236 CMYK=92,76,0,0
RGB=0,215,238 CMYK=64,0,17,0
RGB=255,70,26 CMYK=0,85,87,0

◉ 5.6.2 娱乐类 APP UI 设计——视频播放器

随着科技的发展，智能手机的屏幕越来越大，许多用户开始选择手机、平板电脑等可移动的设备观看视频。视频播放器可以在线播放影片、电视剧等，同时也可以下载进行离线观看。相对于传统电视只能在固定的时间收看固定的节目，移动端的视频观看更具有灵活性。

设计理念：采用满版型的版式设计方式，具有较强的视觉冲击力与感染力。

色彩点评：低明度的色调放大了景色的视觉冲击力，给人一种壮阔、震撼、惊叹的感觉。

1️⃣ 本作品为地理纪录片视频播放界面设计。在版面下方将视频信息与播放时间清

晰传达，使用户可以自由调配时间进行观看。

2️⃣ 这是一种订购模式的视频类型，用户可以自由选择付费频道，进行观看。

RGB=11,12,13 CMYK=89,84,83,74
RGB=85,105,114 CMYK=74,57,51,3
RGB=107,159,214 CMYK=62,32,5,0
RGB=133,172,84 CMYK=56,21,80,0
RGB=255,255,255 CMYK=0,0,0,0

本作品为手机投屏界面，用户可以自由调整视频清晰度。界面采用满版型构图方式，将屏幕放大整个版面，展现出壮阔景色，具有较强的视觉冲击力。

本作品为视频内容的详情播放界面。左侧的菜单列表可以选择不同的频道进行播放，便于操作。深色调的界面具有较强的科技性，很好地表现出电影风格。

RGB=11,17,43 CMYK=99,99,65,55
RGB=29,52,109 CMYK=99,92,39,4
RGB=190,151,148 CMYK=31,45,36,0
RGB=153,159,168 CMYK=46,35,29,0

RGB=17,17,17 CMYK=87,83,82,72
RGB=200,232,243 CMYK=26,2,6,0
RGB=131,208,242 CMYK=50,5,6,0
RGB=2,82,149 CMYK=94,72,20,0

娱乐类 APP UI 设计技巧——音乐图标的设计

娱乐应用中以音乐、视频为主要应用。通常人们通过音乐可以抒发情感，使很多情感得到释放。在手机 UI 图标设计时，常用耳机、音符等图形形象表示音乐播放器。

蓝色的图标背景，给人一种安静、休闲的感觉。通过阴影和颜色的变化，在视觉上给人一种立体感。音符下的线条使整个图标具备了十足的动感韵味。	在黑胶唱片上放置一个耳麦，形象地表达出图标的含义为音乐播放器。使用户在视觉效果上便于理解和使用。	此图标生动地表现了音乐播放器，采用三角形的版式设计方式，给人一种稳定均衡的感觉。同时背景的渐变，又使图标极具动感。

配色方案

双色配色	三色配色	四色配色

娱乐类 APP UI 设计赏析

5.7 阅读类 APP UI 设计

随着科技的发展，智能手机的逐渐普及，使用移动设备进行文章小说的阅读已经成为一种趋势。用户可以利用碎片时间进行阅读，因为手机拥有较为强大的存储空间，可以在手机上存储许多书籍，用户相当于携带了一个移动书库。同时相对于纸质版书籍，手机阅读器更加方便用户阅读及携带。

特点：

◆ 人们可以随时随地进行书籍的浏览，通过应用就可查找出想要看的书籍；

◆ 相较于传统书籍，阅读类应用可以进行字体大小和行间距的调整，更加贴近用户的实际需求；

◆ 对比纸质版书的售价，电子书的售价相对便宜很多，节约了用户的阅读成本。

◉ 5.7.1　阅读类 APP UI 设计——小说阅读器

　　手机的问世引发了阅读的风潮，用户利用手机可以下载离线书籍或在线阅读书籍。手机拥有较大的存储空间，可以作为一个移动书库。相对于传统纸质书籍，减少了树木的消耗，保护了环境。

　　设计理念：本作品为儿童读物的移动应用程序界面设计。左图采用重心型构图方式，而右图则采用骨骼型构图方式。整体布局较为简单规整，给人一种简洁、明亮的感觉。

　　色彩点评：以白色作为背景色，凸显书籍封面，可使用户的注意力集中到书籍上。

 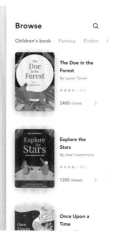

　　🌑 重心型的版式可以吸引用户的注意力至书籍上，使用户更加专注于读书，减少其他干扰。

　　🌒 右侧不同的书籍目录为用户提供了选择空间，使用户可以自由挑选。

RGB=255,255,255　CMYK=0,0,0,0
RGB=254,246,217　CMYK=2,5,20,0
RGB=61,38,67　CMYK=81,92,57,34
RGB=204,81,130　CMYK=26,80,27,0
RGB=69,194,203　CMYK=66,4,27,0
RGB=1,100,255　CMYK=84,60,0,0

 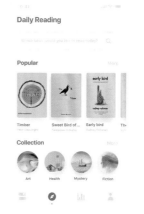

　　本作品为读书应用的个人收藏界面设计。界面采用骨骼型排版方式，并以黑色与白色作为背景色进行搭配，给人一种简单、醒目的感觉。

RGB=37,36,39　CMYK=83,79,73,56
RGB=255,255,255　CMYK=0,0,0,0
RGB=60,42,137　CMYK=91,97,13,0
RGB=151,106,214　CMYK=55,63,0,0
RGB=64,192,198　CMYK=67,4,30,0

　　本作品为阅读器的推送界面设计。界面给用户推荐了一些较为畅销的书籍，使用户在闲暇时可以阅读不同种类与不同作者的书籍。

RGB=255,255,255　CMYK=0,0,0,0
RGB=159,217,219　CMYK=42,2,19,0
RGB=250,198,200　CMYK=1,32,14,0
RGB=255,215,104　CMYK=3,20,65,0
RGB=85,134,198　CMYK=71,44,6,0

◎5.7.2　阅读类 APP UI 设计——漫画阅读器

漫画书已逐渐拓展到手机阅读应用。只要打开手机，用户就能方便快捷地找到想要观看的漫画。同时漫画阅读器在设置上增加了更新功能，用户添加在收藏夹里面的漫画，只要有更新的内容，就会推送过来。

设计理念：采用中轴型的版式设计方式，使整个界面呈现出整齐、简洁的视觉效果。

色彩点评：山茶红作为背景色，给人一种绚丽、明媚、热情的感觉。

🔵 本作品为漫画阅读器的首页设计。界面采用中轴型构图方式，给人一种规整有序的视觉感受。

🔵 黑色的导航栏使返回、分类等操作命令更加鲜明、醒目，便于用户使用。

RGB=249,75,104　CMYK=0,83,43,0
RGB=255,255,255　CMYK=0,0,0,0
RGB=245,232,173　CMYK=8,10,39,0
RGB=210,3,24　CMYK=22,100,100,0
RGB=30,30,41　CMYK=87,85,70,56

本界面是一本以烹饪为主题的漫画作品。漫画的章节页采用黑色作为背景色，给人一种深沉、大气的感觉。而卡通图案的设计则减轻了深色的沉闷感，使界面更加有趣、俏皮、灵动。

RGB=53,52,47　CMYK=77,72,76,46
RGB=227,230,228　CMYK=13,8,10,0
RGB=204,72,54　CMYK=25,84,82,0
RGB=242,162,29　CMYK=7,46,89,0
RGB=91,179,155　CMYK=65,13,47,0

本作品是漫画的详情阅读页设计。界面顶端可以输入具体的漫画名称或类别进行查找，底部则是收藏、作者主页等内容。简单的白色背景给人一种简约、干净、明亮的感觉。

RGB=255,255,255　CMYK=0,0,0,0
RGB=184,144,105　CMYK=35,47,61,0
RGB=232,194,141　CMYK=13,29,47,0
RGB=247,158,31　CMYK=4,49,88,0
RGB=48,63,159　CMYK=91,83,2,0

阅读类 APP UI 设计技巧——阅读界面的设置

　　阅读类 APP UI 根据移动手机、平板电脑屏幕的大小不同，可以设置界面的字体大小，也可以设置背景、字体的颜色。现在，在手机上还可以设置夜间模式。对于书中好的句子，可以通过复制、粘贴在空白文档中，也可以就书中的某一个位置进行批注，没有阅读完成的书籍，可以插入书签方便下一次继续阅读。

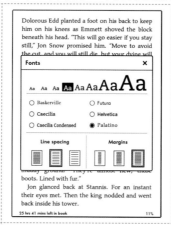

书籍中的重点位置，可以进行标注。根据用户自己的习惯，在界面上做笔记，通过不同的颜色及线条进行批注。	可以更改阅读文章的字体样式、字体大小、排版中的行间距及页边距等。	阅读界面中设置有很多功能。例如，可以跳转到文章的任何位置，可以记笔记等。

配色方案

双色配色　　　　　　　　三色配色　　　　　　　　四色配色

阅读类 APP UI 设计赏析

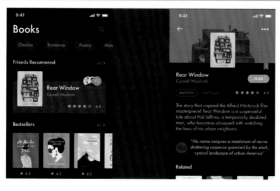

5.8 拍摄美化类 APP UI 设计

　　基于智能手机拥有强大的拍摄功能，开发出拍摄美化类的应用，就可以拍摄出与相机同样效果的图片，还可以调节相机设置中的平衡、曝光等功能。拍摄美化类应用可以就已经拍摄好的照片，进行后期修饰，使照片变得更美，也可以拍摄搞怪图片等，因此深受用户的喜爱。

特点：

◆ 使用拍摄软件可以调整焦距进行远景与近景的拍摄；

◆ 手机轻巧易拿，便于携带，同时具有高像素的硬件配置，可以拍摄出高品质的相片；

◆ 拍摄出的图片格式为 JPEG，便于用户上传至网上云盘进行存储；

◆ 美化类软件可以对照片进行后期处理，使照片成像更加完美。

◉ 5.8.1　拍摄美化类 APP UI 设计——相机

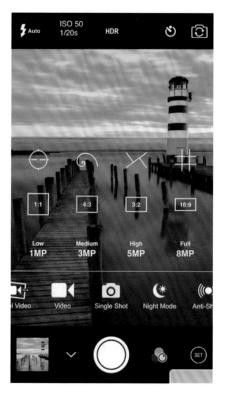

相机作为手机一个必备的功能，根据手机硬件的配置，可以获得不同的照片效果。而高像素的摄像头拍摄的照片更加清晰。此外，还可以录像，为用户保留动态的影像资料。

设计理念：本作品主要是为了突出相机可以在不同环境下进行拍摄的功能。

色彩点评：界面以黑色为主色，拍摄键及其他功能键采用白色，选择上的功能键为黄色。

🕐 整个界面以所拍图像为主，黄昏时海边的木桥和远处的灯塔，给人一种优美、宁静的视觉感受。

🕑 该界面主要突出了手机相机具有强大的功能性，可以根据用户的选择，进行图像的拍摄，拍摄的效果也不尽相同。

RGB=255,255,255 CMYK=0,0,0,0
RGB=0,0,0 CMYK=93,88,89,80
RGB=253,253,40 CMYK=10,0,79,0

　　本作品整个界面以拍摄的物体为主，下方的白色按钮为拍摄键，其上方是设置键和调整前后摄像头的功能键，对于隐藏的功能在设置中进行调整，既美化了界面，也满足了用户的使用需求。

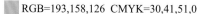

RGB=193,158,126 CMYK=30,41,51,0
RGB=83,88,85 CMYK=73,63,63,16

　　相机的界面以拍摄的景象为主，可以通过聚焦拍摄出高品质的相片。相机的设置界面以白色为主，拍照按键采用黑色，按键的上方为相机功能图标，以图形代替文字，使界面整体显得更加干净、清爽。

RGB=209,203,205 CMYK=21,20,16,0
RGB=47,43,52 CMYK=82,80,67,47

◎5.8.2 拍摄美化类 APP UI 设计——美化图片

　　拍摄出来的照片需要进行一定的加工，根据应用给定的模式范围，可以进行多张图片拼接，同时也可以对相片里面的人像进行修改，还可以在照片中添加可爱的贴纸。使用拍摄美化类应用可以把生活记录成图像。

　　设计理念：在拍摄好的照片上叠加黑白滤镜，呈现出与众不同的视觉效果。

　　色彩点评：黑白滤镜可以获得复古与电影胶片的效果，营造出神秘、安静的画面氛围。

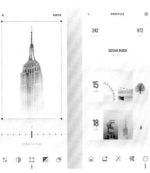

　　① 本作品将图片通过应用内设置的滤镜进行调整，可以使图片呈现出不同的效果。

　　② 通过滑动底部的轨道，可以设置照片调整程度，在上方预览区可以看到用户调整效果。

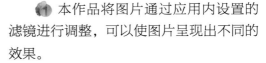

RGB=71,69,69　CMYK=75,69,66,29
RGB=234,234,234　CMYK=10,7,7,0
RGB=164,164,164　CMYK=41,33,31,0
RGB=255,255,255　CMYK=0,0,0,0

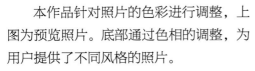

　　本作品针对照片的色彩进行调整，上图为预览照片。底部通过色相的调整，为用户提供了不同风格的照片。

　　本作品中的相机应用为用户提供了一个滤镜模板，用户可以根据自己的需求，获得明亮或昏暗的滤镜效果，使图片具有更多的样式，展现出不同的个性与风格。

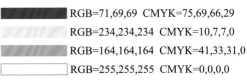

RGB=5,34,178　CMYK=100,88,0,0
RGB=72,38,142　CMYK=87,97,6,0
RGB=255,94,132　CMYK=0,77,27,0
RGB=0,239,189　CMYK=61,0,43,0
RGB=255,238,108　CMYK=6,6,66,0
RGB=255,255,255　CMYK=0,0,0,0

RGB=233,230,230　CMYK=10,10,9,0
RGB=220,183,161　CMYK=17,33,35,0
RGB=255,255,255　CMYK=0,0,0,0
RGB=18,18,18　CMYK=87,82,82,71

拍摄美化类 APP UI 设计技巧——多彩的相册图标

　　基于科技的发展，手机的功能越来越强大，配备的摄像头像素也越来越高，拍摄出来的画面可以媲美相机，同时手机轻巧便于携带，因此人们更喜欢使用手机拍照。手机界面会有相应的相册图标，多彩的图标表示了相机可以拍摄出美丽多彩的照片。

 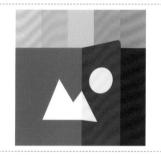 

将半圆的图形围绕中心旋转，出现一个类似于花朵的形状。颜色以紫色为中心，两边向蓝红渐变，在视觉上营造出一种清新亮丽的视觉效果。	图标中以圆形和三角形代替了山峰与太阳，使人一目了然明白该图标为相册图标。制作出的折叠效果，使用户能产生一种翻看相册的感觉。	正六边形的区域中，采用梯形红、绿、蓝三原色进行重叠设计，使图标产生了空间感。混合的颜色可以给人一种多彩的视觉感受。

配色方案

双色配色　　　　　　　　　三色配色　　　　　　　　　四色配色

拍摄美化类 APP UI 设计赏析

   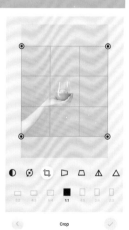

5.9 新闻类 APP UI 设计

　　传统的新闻媒体有报纸、杂志、电视等。随着科技的发展，互联网、手机相继诞生，如一股洪流冲击着传统媒体，多种多样的新闻在手机上就可以看到。通过综合型的新闻应用，用户可以看到实时的头条新闻，同时可以根据导航栏中的分类查找新闻，用户也可以根据搜索，查找想要看的新闻。

　　特点：

　◆ 使用户更加快捷便利地获取新闻资讯；

　◆ 可以定制个性主页，根据用户常浏览的信息分类，进行首页的推送；

　◆ 信息资讯被高度集中，可以通过一个软件浏览到多种类型的资讯，如政治、财经、科技、娱乐、体育等；

　◆ 不同于纸质的新闻报刊，移动端的应用使用户可以发表自己的意见，在网上与其他人进行讨论。

◉ 5.9.1 新闻类 APP UI 设计——新闻资讯

新闻资讯信息是人们基本的需求之一。将传播的媒体变为互联网，从纸质版向电子版过渡。根据种类不同，新闻可以分为很多种，如社会新闻、娱乐新闻、游戏新闻等。也可以根据发生的时间进行查阅。新闻资讯添加了评论的模块，用户可以发表自己的观点相互沟通。

设计理念：以简约、实用为设计理念，着重突出新闻信息。

色彩点评：背景以白色为主，文字采用黑色进行设计，标题与内容文字采用不同粗细的字体，使信息主次更加分明，具有醒目、鲜明、富有条理的视觉效果。

🌐 界面布局规整，图文结合，使内容更加完整从而增强其视觉吸引力。

🌑 标题文字加粗显示在视觉上形成突出的效果，使用户可以一目了然地了解该新闻的主要内容。

- RGB=8,9,11 CMYK=90,86,84,75
- RGB=255,255,255 CMYK=0,0,0,0
- RGB=232,0,0 CMYK=9,98,100,0
- RGB=39,110,130 CMYK=85,53,45,1

本作品为新闻资讯首页设计。界面将城市风光作为主图进行展示，给人一种恢弘大气的感觉，具有较强的视觉冲击力。同时顶部与左侧的菜单导航栏便于用户跳跃或选择其他新闻内容。

- RGB=255,255,255 CMYK=0,0,0,0
- RGB=235,235,235 CMYK=9,7,7,0
- RGB=102,108,116 CMYK=68,57,49,2
- RGB=198,153,104 CMYK=28,44,62,0
- RGB=22,23,26 CMYK=87,82,78,66

本作品为新闻内容的详情界面设计。界面标题文字的字号变大是为了吸引读者，使读者明白该新闻的主要内容；采用图文相结合的报道方式，可使文章内容更形象具体。

- RGB=27,142,186 CMYK=79,35,20,0
- RGB=255,255,255 CMYK=0,0,0,0
- RGB=202,202,202 CMYK=24,18,18,0
- RGB=43,32,36 CMYK=78,82,74,58

◎5.9.2 新闻类 APP UI 设计——报纸杂志

随着科技的迅猛发展，纸质的报纸杂志已经逐渐被淘汰，移动端作为新的载体出现。在网上可以看到许多杂志报纸的电子版，通过应用就可以很好地翻阅，方便用户随时随地通过手机、平板电脑阅读杂志。

设计理念：本作品为移动端的杂志界面设计。界面采用自由型的构图方式，给人一种灵动、轻盈、简约的感觉。

色彩点评：界面以浅米色作为背景色，色彩柔和，给人一种明亮、温柔的感觉。

🔵 界面中相对重要的信息使用较大字号，形成主次分明的信息内容，可以更好地传递信息。

🔵 花卉照片中的棕色背景墙，与界面背景形成鲜明的明度与纯度对比，增强了界面的视觉重量感与冲击力。

RGB=254,250,241 CMYK=1,3,7,0

RGB=129,111,87 CMYK=57,57,68,5

RGB=246,56,56 CMYK=1,89,74,0

RGB=0,0,0 CMYK=93,88,89,80

RGB=74,161,199 CMYK=69,26,18,0

本作品为食物科普杂志界面。界面采用中轴型的排版方式，将不同图片与文字以规整有序的方式排列摆放，获得了均衡、稳定的视觉效果，可使用户更好地阅读文字内容。

RGB=251,242,225 CMYK=2,7,14,0

RGB=236,232,122 CMYK=14,6,61,0

RGB=229,108,35 CMYK=12,70,90,0

RGB=252,175,33 CMYK=3,41,87,0

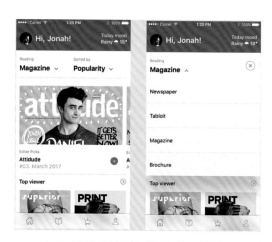

本作品为阅读软件的首页设计，可以根据用户的个人喜好进行首页推荐，也可以根据上方的下拉菜单选择想看的类型。

RGB=255,255,255 CMYK=0,0,0,0

RGB=105,63,225 CMYK=77,76,0,0

RGB=255,197,24 CMYK=3,29,87,0

RGB=204,206,206 CMYK=24,17,17,0

RGB=11,0,0 CMYK=88,89,86,78

新闻类 APP UI 设计技巧——作为插件用于手表和桌面上

在桌面及穿戴式的配件上也可以进行 UI 设计，使其成为产品的一种开发模式。这种模式不仅方便用户使用，而且操作更加简单。

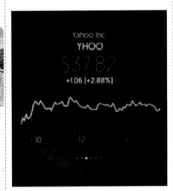

谷歌应用于苹果手表，界面简单。界面设置，以简单高效给人一种直观的视觉感受。

该界面作为浮动窗口，不需要过多的操作就可以进入详情界面，了解更多的新闻资讯。

应用于智能手表上的 UI 设计，通过简洁的界面，以折线图和数字突出了界面信息。

配色方案

双色配色

三色配色

四色配色

新闻类 APP UI 设计赏析

5.10 设计实战：办公类APP UI设计流程详解

◎5.10.1 设计思路

应用类型：办公类软件。

面向对象：通用。

项目诉求：上线时间选在假期，所以此界面是一款针对爱情或家庭而特意打造的活动界面，以恋人、情侣和渴望脱单人士为主要受众群体。

设计定位：爱情总会让人联想到浓烈、热情的玫瑰红，无边无际的甜腻粉色以及象征爱情的桃心图形，这些都是人们对于爱情最基本的印象。本案例并不准备沿用这样的常规设计方式，而将整体风格定位在"童话"这一概念上。与现实相比，童话中爱情的唯美、甜蜜、纯真似乎都是绝对的，这也正是童话的迷人之处。所以，本界面将这一种回归本真的甜蜜唯美以童话的形式展现出来。

◉5.10.2　配色方案

　　该作品由于界面整体方案采用了童话感的风格，所以在颜色的选择上使用了高明度的具有梦幻感的颜色。

　　主色：版面的主色选择了淡淡的蓝色，将粉色和蓝色搭配构成界面的基本颜色，由粉色渐变为蓝色，给人一种梦幻、清晰、简单、纯洁之感。

　　辅助色：红色是象征爱情玫瑰特有的颜色，热烈而富有激情。融入大量白色和红色形成柔和的粉色调。但是，真正的爱情总是安静而又长久的，淡淡的柔和的粉色似乎更适合。

　　点缀色：界面中大面积区域都被粉、蓝两种颜色所覆盖。由于界面中包含一部分插画元素，所以点缀色基本出现在插画的部分。为了与界面整体匹配，所以插画中也使用了大面积的蓝色。为了增添界面的丰富感，插画中出现了暖色调的黄色和小面积的红色。

　　其他配色方案：提到小清新风格，莫过于大自然中的植物了。但如果本界面采用自然中的绿色或红色，肯定会使人产生过于花哨而杂乱的感觉。而采用明度较高的蓝色和粉色渐变式，再加以不同类型暖色的点缀，更能凸显界面清爽、明亮的特征。

◉ 5.10.3　版面构图

　　该邮箱界面背景图是两片羽毛元素，显得非常轻薄。登录框位于界面正中央，这种中心型构图具有强烈的聚焦作用，且较为简洁、大方。登录框是一种典型的左右型构图方式，左侧为可变换的主题图片，右侧为登录信息输入区域，比较符合用户的使用习惯。

　　此外，还可以将主题图片摆放在登录框的顶部，以装饰图案的方式展现出来，将登录框旋转90°，插图部分摆放在顶部，即可作为竖版的登录界面。

◉ 5.10.4　首页

首　页	分　析
	● 在前面登录界面的介绍中，界面以蓝色作为主基调，在应用主界面中也以蓝色作为整个应用的基调。给人一种梦幻清新的感受，延续了登录界面的风格。 ● 通过颜色的深浅变化，使人可以清晰地分辨各个功能区域，在导航的右下方位置点缀心形图案，与应用主题相互呼应。 ● 作为邮箱的首页，可以推送当天的相关新闻与天气预报，也可以充当备忘录。

◉ 5.10.5 收件箱

收件箱	分　析
	● 通过点击左侧导航栏中的收件箱功能，可以看到右侧面板变为收件箱，里面收到两封电子邮件。 ● 两封电子邮件都有收件人的头像、名称、主题等内容。为了突出发送人与主题，在文字的处理上将内容中的文字进行淡化处理，可以让用户的注意力更加集中。 ● 在顶部可以进行邮件关键词的搜索，同时邮件按照日期的远近从下到上进行排列。

◉ 5.10.6 编写邮件

编写邮件	分　析
	● 点击上方工具栏中写邮件的图标，可以进入写邮件界面。 ● 在界面的左上方有一个取消按钮，取消按钮的背景色为红色，鲜艳的颜色有警示的作用。右上方的发送文字为浅灰色，当把发送人、收件人、主题、内容填写完毕，发送文字就会变为深色，表示可以发送电子邮件。 ● 发送的邮件中可以附加附件、图片、文件等。

第 6 章

APP UI 设计的风格

安全＼清新＼科技＼凉爽＼美味＼热情＼高端＼浪漫＼硬朗＼纯净＼复古＼扁平化＼拟物化

APP UI 设计的风格可分为安全类、清新类、科技类、凉爽类、美味类、热情类、高端类、浪漫类、硬朗类、纯净类、复古类等。

◆ 安全类 UI 设计保障了手机的安全，在界面设计上给人一种严谨可靠的视觉感受。

◆ 科技类 UI 设计根据现有的科学技术，可使手机更加智能化，更加方便用户使用。

◆ 浪漫类 UI 设计多采用粉嫩的颜色，给人一种温馨、浪漫的感觉。

◆ 复古类 UI 设计会以过去的元素为参考，体现出时代感与历史感。

6.1 安全

手机是人们日常生活中的必需品，用户的照片隐私、钱财都可以通过手机进行保存，所以用户在选择手机应用前非常注重其安全性，因此保护手机安全的应用应运而生。手机安全应用的使用，一方面便于管理手机，另一方面可以保护我们的手机及个人财产安全。

特点：

◆ 具有保护隐私的作用，可以保证用户手机的基本安全；

◆ 具有杀毒、清理手机垃圾、检查手机漏洞、手机防盗等功能；

◆ 方便用户管理手机应用，进行应用的权限检查、应用搬家、流量监控等。

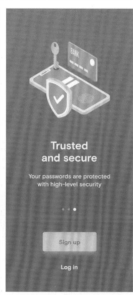

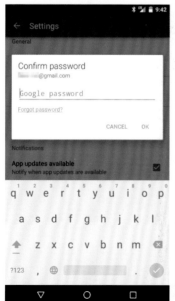

◎6.1.1 安全——登录界面的 UI 设计

如今，越来越多的手机应用都需要用户注册才能使用，这样主要是为了保证用户的隐私安全，同时也是为了使用户能够获得更好的服务。用户可以对界面进行个人设置、应用也可根据用户的使用情况进行相关推送。

设计理念：应用登录的界面，呈现出清新淡雅的视觉效果。

色彩点评：以浅灰色为主色调，突出了红色的图标文字。

① 浅色的背景色给人一种朦胧的感觉，整个界面背景给人一种宽广绵长的视觉感受。

② 作为恋爱软件，里面记录了情侣之间的小秘密与互动内容。为了保护个人的隐私信息，需要进行登录操作。

③ 用户可以通过账号登录，也可以关联其他账号登录，方便了用户的使用。

RGB=241,233,230 CMYK=7,10,9,0
RGB=255,255,255 CMYK=0,0,0,0
RGB=249,90,87 CMYK=0,78,57,0
RGB=54,99,154 CMYK=83,62,23,0

本作品为相册的登录界面设计。相片属于隐私物品，需要采用一定的安全措施加以保护。本界面需要输入用户账号和密码才能登录，同时也可以使用社交账号进行关联登录。

RGB=60,68,81 CMYK=82,73,58,24
RGB=255,255,255 CMYK=0,0,0,0
RGB=249,101,32 CMYK=0,74,87,0
RGB=62,87,157 CMYK=83,70,15,0
RGB=36,175,228 CMYK=71,16,7,0

本作品为一款应用的登录界面设计。作为一个类似于日记的应用，在登录界面，一句简单而醒目的标语，营造出了一种温馨的界面氛围，每当用户打开该应用时都会自然地产生一种的亲切感。

RGB=177,143,98 CMYK=38,47,65,0
RGB=255,255,255 CMYK=0,0,0,0
RGB=77,147,209 CMYK=71,36,5,0

◎ 6.1.2　安全——界面提示弹窗的 UI 设计

在手机安全设置中，会弹出弹窗提醒用户。有的弹窗为功能设置界面，有的弹窗为警告界面。弹窗一般在屏幕中央出现，这样可以吸引人们的注意力，使人们更加关注弹窗上的信息。

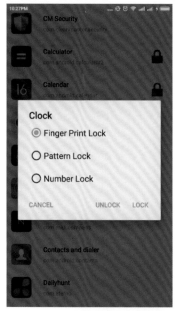

设计理念：作为设置界面，界面简洁干净，方便用户操作。

色彩点评：选择图形采用了绿色，因为绿色具有同意、确认的含义。

❶ 在安全设置中，可以为手机应用加密。对于解锁方式用户可以有三种选择，分别为指纹解锁、图形解锁和数字解锁。

❷ 整个提示界面简洁明了，三种解锁方式均匀平分界面，给人一种整齐的视觉感受。

❸ 选择绿色作为按键与选择键的颜色，起到了提示用户确认的作用。

■ RGB=97,97,97　CMYK=69,61,58,9

□ RGB=238,238,238　CMYK=8,6,6,0

■ RGB=0,150,136　CMYK=80,26,54,0

本作品为使用手机银行软件时弹出的提醒界面。告知用户在设置中是否需要设置指纹支付或者是忽略该功能，增加了便捷性的同时保障了用户的资金安全。

■ RGB=5,39,67　CMYK=100,90,59,36

□ RGB=255,255,255　CMYK=0,0,0,0

■ RGB=79,155,230　CMYK=68,32,0,0

本作品为注册软件时的提示界面。在用户注册软件时，询问用户是否同意使用指纹进行应用的登录。确认该应用请求时，在界面上会使用绿色和对号，给人一种清爽的体验。

■ RGB=14,16,22　CMYK=90,86,78,70

□ RGB=255,255,255　CMYK=0,0,0,0

■ RGB=0,142,127　CMYK=82,31,57,0

■ RGB=255,173,202　CMYK=0,45,4,0

安全风格的设计技巧——锁型图案的妙用

锁具的形状可以给人一种安全的视觉感受，采用锁具的形状能使用户一目了然明白该应用的作用。同时根据应用保障的实际数据，结合一些相关的图形，可使应用的形象更加具体，便于用户了解使用。

| 照片作为个人的隐私信息，需要加以保护。主体采用了锁形的形状，但是锁的中间位置突出的摄像头形状，让人很容易明确理解该应用的作用。 | 在锁具的形状外添加了护盾的形状，给人一种直观的安全感。可以使人更加放心地使用手机，不用担心隐私泄露、钱财丢失。 | 在锁具的外围添加了圆形的护盾，整体配色极具视觉柔和感。在其保证了手机安全的前提下又不失动感。 |

配色方案

双色配色

三色配色

四色配色

安全风格的设计赏析

6.2 清新

APP UI 设计风格中的清新感主要来自界面背景色彩和图标的形状设计，二者结合会给人一种清新淡雅的感觉。在背景颜色的运用上要注意区分主色、点缀色、强调色等。在图标的运用上多采用拟物化的图标，这种图标具有极强的视觉冲击力，使整个界面展现出一种淡雅、舒适的艺术韵味。

特点：

◆ 界面整体色彩明快、鲜活；

◆ 能够展现出一种生机活力，给人一种新鲜感；

◆ 具有缓解紧张情绪，放松心情的作用。

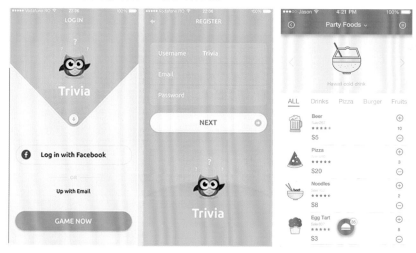

◎ 6.2.1　清新——明亮色彩的 UI 设计

　　清爽、明净、淡雅是清新感设计作品的特点。清新感设计强调画面整体的生动性、凉爽性，且注重色彩的明纯度。和谐用色能让整体设计的画面色调更明快，使该设计更凸显，从而吸引人的眼球。

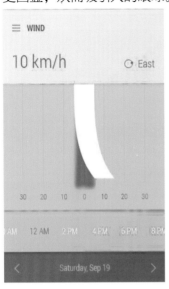

　　设计理念： 作为天气预报类应用中显示风速的界面，数字可以明确地显示风速。通过界面中间字条掀起的距离来展现风速，给人一种生动形象的视觉感受。

　　色彩点评： 同色系之间的变化不会过于突兀，给人一种舒适感。

　　① 字条被吹起的形态生动地表现了风速的大小，使用户有一种直观的感受。

　　② 通过颜色的变化对界面上的各个功能进行了区域划分。

RGB=236,251,170　CMYK=14,0,43,0

RGB=145,239,202　CMYK=44,0,34,0

RGB=104,218,208　CMYK=56,0,29,0

RGB=64,118,154　CMYK=78,51,30,0

　　本作品是一个运动应用的界面设计。用户通过手机应用就可以查看自己的步数、距离和所消耗的卡路里。绿色给人一种生机勃勃的感觉，而运动则体现了生命力，可以带给人们正能量。

RGB=88,226,200　CMYK=57,0,35,0

RGB=255,255,255　CMYK=0,0,0,0

RGB=246,203,169　CMYK=4,27,34,0

RGB=238,133,235　CMYK=24,54,0,0

　　本作品为理财类应用的界面设计。背景中半透明的不规则图案丰富了界面的层次，使背景充满了动态变化感。用户可以查看自己的收入与花销的情况，也可以查看绑定的银行卡信息。

RGB=80,192,167　CMYK=65,3,45,0

RGB=255,255,255　CMYK=0,0,0,0

◎6.2.2 清新——形象可爱的 UI 设计

简约而又优雅的设计作品总会给人留下深刻印象。这种作品不仅在网页的设计上很受欢迎，在手机界面上同样也受到很多人的青睐。

设计理念： 整个界面以白色为主色，在图标的设计上使用了卡通的形象，给人一种可爱、清新的感觉。

色彩点评： 纯白色的背景色突出了各个图标的特点，使其可以更加吸引用户的注意力。

① 采用水平型的版式设计方式，每一个图标都整齐排列在界面中，给人一种整洁、干净的感觉。

② 形象可爱的图标具有极高的辨识度，可以很好地抓住用户的眼球，吸引用户长时间使用该应用。

RGB=253,194,104 CMYK=3,32,63,0
RGB=104,206,254 CMYK=56,3,0,0
RGB=164,226,115 CMYK=43,0,67,0
RGB=255,100,99 CMYK=0,75,51,0

本作品作为一款科普鸟类知识的应用界面设计。界面浅色渐变的背景色获得了一种清新、梦幻、浪漫的视觉效果。卡通插画风格的鸟儿形象给人留下了可爱、活泼的印象，增强了用户的保护心理。

RGB=250,221,229 CMYK=2,20,5,0
RGB=228,183,217 CMYK=13,36,0,0
RGB=242,146,165 CMYK=5,56,20,0
RGB=154,62,115 CMYK=50,88,36,0
RGB=255,221,209 CMYK=0,20,16,0
RGB=102,213,175 CMYK=58,0,44,0
RGB=242,105,33 CMYK=5,72,89,0

本作品为美食交流软件界面设计。界面中紫色与橙色搭配，给人一种绚丽、鲜艳、美味的感觉。再使用白色加以中和，使整个界面极具冲击力的同时又不会使人产生过多的烦躁感。

RGB=251,130,87 CMYK=0,63,63,0
RGB=255,255,255 CMYK=0,0,0,0
RGB=105,54,73 CMYK=63,86,60,23
RGB=153,47,135 CMYK=52,92,15,0
RGB=185,224,180 CMYK=34,0,38,0
RGB=252,215,111 CMYK=5,20,62,0

清新风格的设计技巧——清新色调的图标

　　图标在颜色上采用较为清新的颜色，注重色彩的统一，所呈现的明快自然的色调，可以吸引用户的眼球。

　　本作品为摄像机图标设计。图标采用圆角矩形为底，给人一种圆润、流畅的感觉。白色、天蓝色与红色搭配使图标更加明快、鲜活。

　　本作品为天气预报的应用图标设计。正六边形的图标设计作品，以蓝色的天空为背景，衬托黄色的太阳和白色的云朵。给人一种清新自然的感受。

　　本作品为社交软件图标设计。图标中多彩的鸟儿形状在青色的背景下，给人一种鸟儿遨游在空中的印象。图中鸟儿的形状，以七巧板为灵感而创作。

配色方案

双色配色

三色配色

四色配色

清新风格设计赏析

6.3 科技

科技的发展使人类的生活品质越来越高，现在智能手机的功能也越来越多，因其运用了许多的"黑科技"，体现了科技的发展。例如，指纹识别、AR增强现实、双摄的摄像头、通过手机控制家用电器等。这些以前只能出现在电影中的场景，可以在现实生活中实现了。

特点：

◆ 整体界面用色简洁大方，给人一种理性、科技的感受；

◆ 在界面中可以看到科技的更新换代，以形象生动的图形给人一种直观的视觉感受；

◆ 多采用青色、蓝色、绿色等，可以更有效地吸引用户的注意力。

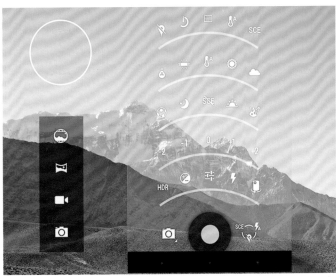

◎ 6.3.1 科技——指纹识别 UI 设计

指纹因具有终身不变性、唯一性、便捷性三大特性，因而成为现在智能手机的标准配置。因其具有的唯一性，用户只要通过设置指纹识别，就可以保证手机中信息的安全。同时手机具有指纹识别功能，也方便用户解锁、登录、支付钱款等，使人们的生活更加便利快捷。

设计理念：分割型的版式设计，获得了干净、简洁的视觉效果。

色彩点评：绿色与白色相互搭配，给人一种平静的感觉，比较适合用于手机设置界面。

① 本作品为手机指纹设置的首页，当用户看到该界面时就可以进行指纹的添加，通过形象的指纹图形，让即使不懂文字的人也能直接了解其功能。

② 采用深色的圆形，突出了指纹图形，使人们更直观地明白该界面的功能。

RGB=54,172,161 CMYK=72,14,44,0
RGB=255,255,255 CMYK=0,0,0,0
RGB=93,121,134 CMYK=71,50,43,0

本作品为是否设置指纹一键登录的应用界面。若用户同意通过指纹识别登录应用，可以减少用户输入密码的次数，同时也可以保证用户信息的安全。

本界面为指纹识别界面设计。界面提示用户使用指纹进行解锁手机操作。黑色的背景突出了中间的指纹图案，给人一种直观的视觉感受，使人一目了然地了解该界面的作用。

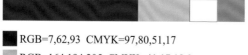

RGB=7,62,93 CMYK=97,80,51,17
RGB=164,194,205 CMYK=41,17,18,0
RGB=255,255,255 CMYK=0,0,0,0
RGB=6,145,248 CMYK=76,38,0,0

RGB=60,65,68 CMYK=79,71,66,32
RGB=221,226,229 CMYK=16,10,9,0
RGB=36,163,142 CMYK=76,18,53,0

◎ 6.3.2　科技——天气预报 UI 设计

手机具有天气预报功能。通过查询手机内的天气预报应用，人们可以就衣物穿着、是否携带雨具等提前做好准备。

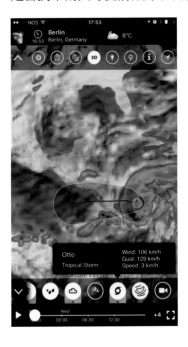

设计理念：作为专业的天气预报应用，在应用中使用气象图作为数据基础。

色彩点评：通过气象图上的颜色变换，传播风向、云层、能见度等气象信息。

1️⃣ 作为专业的天气预报应用，可以根据实时的气象图，预测未来的天气变化。

2️⃣ 本界面主要以气象图为主，给人一种直观的视觉感受，同时在上方与下方的位置，设置了详细的功能区域。

3️⃣ 功能区域以一个个形象简易的图标进行分类，节省了界面空间。

RGB=23,17,21　CMYK=85,85,79,70

RGB=255,255,255　CMYK=0,0,0,0

RGB=217,227,22　CMYK=25,3,90,0

RGB=7,63,110,　CMYK=99,84,42,6

RGB=0,113,215　CMYK=84,53,0,0

本作品为手机界面的天气组件界面设计。界面通过阳光与雷雨状态的变换，生动形象地体现出天气变化情况，具有较强的视觉表现力。

本作品为天气应用中日升日落的界面设计，以中心为原点，根据一天的 24 小时进行了规划，在图中可以清楚地看到时间点，黄、蓝两色分别代表了白天与夜晚，营造出更直观的视觉效果。

RGB=233,159,24　CMYK=12,46,91,0

RGB=220,125,31　CMYK=17,61,92,0

RGB=255,255,255　CMYK=0,0,0,0

RGB=7,69,126　CMYK=98,81,32,1

RGB=41,146,214　CMYK=76,35,4,0

RGB=249,192,58　CMYK=6,31,80,0

RGB=22,142,197　CMYK=76,36,13,0

科技风格的设计技巧——科幻元素的应用

　　科技在不断发展进步，"科幻元素"作为未来科技的一种体现，能使人产生一种神秘感和工业感。

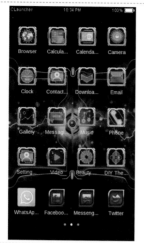

　　该手机主题采用科幻类元素，图标的边框为金属质感。蓝色边框在深色背景的衬托下，给人一种极强的科技画面感。

黑色的背景衬托、棱角分明的线条图案、明亮闪烁的图标，向人们呈现出具有科技感的手机界面。

　　该手机整体界面给人一种十足的科幻、神秘感觉。背景衬托着中间的功能插件，呈现出空间感与层次感。

配色方案

双色配色

三色配色

四色配色

科技风格设计赏析

凉爽

凉爽风格的界面设计作品能使人产生一种清凉、凉爽的感觉，让人感到放松与舒适。在设计 APP UI 时要考虑到界面的整体效果，蓝色、青色、白色会让人体会到"凉爽"的感觉；在图标的设计上应以简洁易懂的形状为主体，并简化较为复杂的图标。

特点：

◆ 多采用蓝色、青色等具有"凉爽"视觉效果的颜色；

◆ 该风格的设计作品可以使用户放松心情，产生一种舒适感。

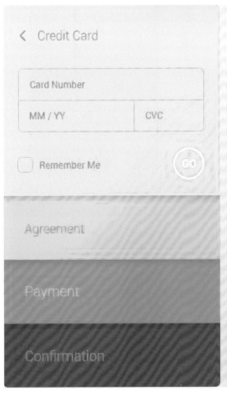
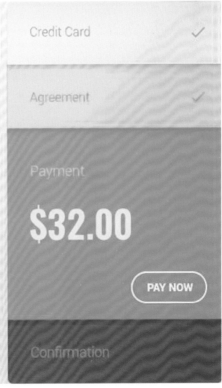

◎6.4.1　凉爽——颜色

在手机 APP UI 界面中多采用蓝色、青色等具有清凉感的颜色，能使整个界面呈现出一种凉爽感，让用户在使用时感到清爽的气息。

设计理念：本应用可记录用户每天喝了多少水，以保持身体的水分。

色彩点评：整个界面使用蓝色系色彩，给人一种清凉舒适感。

❶ 作为一个记录、提醒用户喝水的应用，使用蓝色会让人联想到水，与该应用的功能相互呼应，给人一种舒适的感觉。

❷ 背景采用白青色，突出了中间水的容量，使用户更加直观地看到自己喝了多少水，离制订的目标还差多远。

RGB=236,242,242　CMYK=9,4,6,0

RGB= 4,174,236　CMYK=72,17,3,0

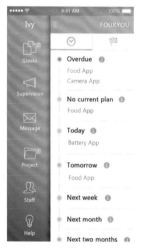

本作品为制订计划应用的界面设计。界面主要体现侧边栏的作用，通过向右滑动界面，出现青色的侧边栏，方便用户的操作。青色会给人一种宁静、清凉的感觉，整个界面具有很强的条理性。

RGB=4,176,154　CMYK=75,9,50,0

RGB=255,255,255　CMYK=0,0,0,0

RGB=73,154,171　CMYK=71,29,32,0

本作品为手机程序的下拉通知栏界面设计。为了方便用户快捷地管理自己的手机，通过从屏幕上方下滑就会出现通知栏，可以进行一些功能的便捷操作。

RGB=0,165,195　CMYK=76,20,24,0

RGB=3,133,159　CMYK=82,39,34,0

RGB=181,232,65　CMYK=38,0,81,0

◎ 6.4.2 凉爽——干净简洁的 UI 设计

浅色的界面背景，能给人留下干净、整洁、大气、高端的视觉印象。为了避免色调过于单调，运用一些红色、橙色、青色等加以点缀，就可使界面更加鲜活、靓丽。

设计理念：本作品为天气预报的应用界面，扇形界面设计成一个转盘，能够激发人的好奇心。

色彩点评：采用浅色系的颜色，通过深浅不同的表现形式，营造出一种淡雅的视觉效果。

1️⃣ 把展示天气情况的界面设计成"扇子"形状，通过上方红线的位置，确定天气为晴。扇形下方的圆形为天气信息刷新的按钮，使用户可以在消耗一小部分流量的情况下获取最新的天气情况。

2️⃣ 该应用可以展示一个星期的天气预报，通过红色的箭头显示。

3️⃣ 界面下方的贴心设计，体现出应用对温度可以进行华氏度和摄氏度的转换。

RGB=227,229,218 CMYK=14,9,16,0
RGB=242,239,230 CMYK=7,6,11,0
RGB=209,209,201 CMYK=22,16,21,0
RGB=223,88,92 CMYK=15,78,55,0

本作品为购买花朵的手机应用界面设计，属于购物应用，首页中的花朵给人一种淡雅、清新的感觉，同时表明了该花的特有属性，文字介绍界面与首页风格一致，使界面更加淡雅、脱俗。

RGB=199,217,227 CMYK=26,10,10,0
RGB=255,255,255 CMYK=0,0,0,0
RGB=65,100,120 CMYK=81,60,46,3

该界面采用重心型的版式设计方式，突出了整个界面"迈速表"的造型。刻度的区域通过青、白颜色的对比，给人一种清晰、清爽的感觉。下方四个排列整齐的功能键，起到辅助作用。

RGB=64,64,64 CMYK=76,71,68,34
RGB=255,255,255 CMYK=0,0,0,0
RGB=181,225,226 CMYK=34,1,15,0

凉爽风格的设计技巧——按钮的设计

简约、干净的按钮设计作品，再搭配简单的文字或图标，给人一种真实的视觉感受。颜色主要以白色为主色，蓝色为辅助色。

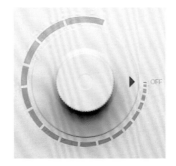

在设计圆形按钮时，通过圆形的相互叠加，再加以衬托，在视觉上会给人一种真实的视觉感受。颜色的渐变表现了按钮旋转的程度。

本作品为控制音量的按钮造型设计，三角箭头指向的位置为音量大小。通过具体的分割，把音量具体图形化，顺时针滑动按钮，音量就会变得越来越大。

桌面的悬浮按钮整合了手机的5种基本功能。可以通过按钮旋转对联系人、短信、手机管理、记事本、通话进行快捷的选择。

配色方案

双色配色

三色配色

四色配色

凉爽风格设计赏析

6.5 美味

美味风格的 UI 设计作品，会让人联想到食物，与生活相关的就是烹饪类、团购类、外卖类应用，用户可以根据自己的需求任意选择。对于爱好美食的用户，通过烹饪类应用可以自己在家制作美味的食物，尽享自己动手的乐趣，享受高品质的生活。外卖类应用可以在时间不够充裕时，进行外卖点餐操作。

特点：

◆ 烹饪类应用适合初学者进行菜品的制作，也可以提高人们的做饭水平；

◆ 烹饪类应用通过菜名就可以搜索到菜品的制作过程，方便用户随时随地查看；

◆ 订餐类应用方便用户足不出户就可以吃到大餐，并享受一定的优惠。

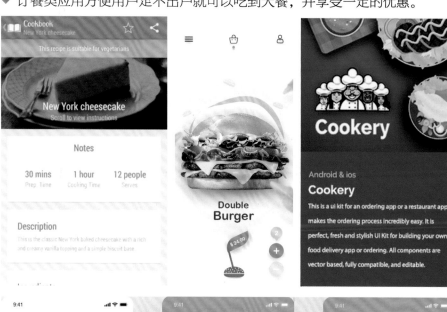

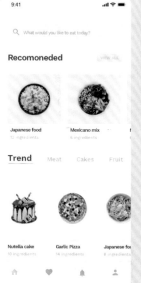

◎ 6.5.1 美味——烹饪类应用的 UI 设计

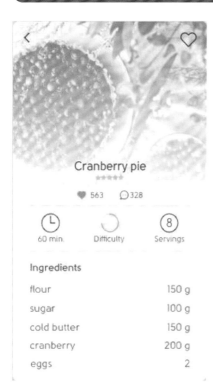

如果你喜欢烹饪，那么你就需要一款烹饪应用软件。只要拥有这样一款软件，就可以在上面找到其他人上传的食谱、做菜所用食材的用量、耗时及步骤，同时也可以上传自己的菜谱，供他人参考。该应用不仅有文字介绍，还有视频讲解，可帮助你做成美味的食物，使你更加喜欢烹饪。

设计理念：作为菜谱的详情界面，虚化了背景的食物图片，使文字更加突出。

色彩点评：食物原材料的颜色给人一种纯天然的感受。

❶ 虚化的食物图片作为背景，既给界面增添了活力，又不影响文字介绍。

❷ 界面没有过于线条化的布局，仅使用文字信息对界面加以划分。

RGB=255,155,159 CMYK=0,53,26,0

RGB=255,255,255 CMYK=0,0,0,0

RGB=149,147,148 CMYK=48,40,37,0

本作品为一款食谱应用界面设计。其作用是帮助厨房初学者在学习厨艺的道路上少走弯路，实用性极高。可以通过点击屏幕上的橙色按键跳转到详细的制作方法界面，直观的视频操作可以手把手教你成为一名合格的大厨！

RGB=255,194,77 CMYK=2,31,74,0

RGB=255,255,255 CMYK=0,0,0,0

RGB=196,134,85 CMYK=29,55,69,0

本作品为食谱应用界面设计，用户通过搜索可以查找各种菜谱。该应用程序从数据库中选择食谱，并根据用户的偏好或食材特性列表分类，并将其提供给用户，用户通过点击图片就可以查看详细食谱及制作方法。

RGB=255,135,41 CMYK=0,60,83,0

RGB=255,255,255 CMYK=0,0,0,0

RGB=177,183,93 CMYK=39,23,73,0

RGB=227,61,37 CMYK=12,88,89,0

RGB=255,188,50 CMYK=2,34,82,0

◎ 6.5.2 美味——订餐类应用的 UI 设计

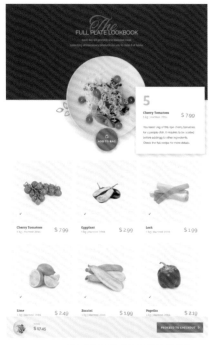

随着互联网科技的高速发展,使用手机点餐、订餐已经成为一种时尚。用户使用移动设备上的订餐软件,通过图片、文字及评论,可以更加了解菜品的味道,进行合理的选择。这种订餐软件方便了用户,同时也节约了用户的时间。

设计理念:可以在该应用上购买该道菜的相关食材,同时附有食材的价格。

色彩点评:咖啡色与白色相结合,结合处突出了菜品。

🔵 该界面采用平行型版式设计方式,各种食材整齐排列,给人一种一目了然的感觉。

🔵 本应用每道食材都给出了具体的用量,方便厨房初学者掌握各种食材的用量。

RGB=92,75,81 CMYK=69,71,61,20

RGB=255,255,255 CMYK=0,0,0,0

RGB=240,96,96 CMYK=6,76,53,0

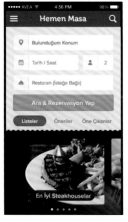

本作品作为订餐应用的订餐界面设计,要求用户先输入自己的地址、日期及送餐饭店,并在界面的下方显示食物图片。推荐食物的图片,可以吸引用户关注,激发用户的食欲。

■ RGB=212,1,20 CMYK=21,100,100,0

□ RGB=240,237,230 CMYK=8,7,11,0

■ RGB=115,103,91 CMYK=62,59,63,8

■ RGB=22,159,133 CMYK=78,20,57,0

本作品为订餐应用中的餐厅详细介绍界面设计,用户根据搜索出来的食物,可以查找该饭店的具体信息,背景为餐厅招牌菜品的图片,下方为详细信息以及地图导航。

■ RGB=190,229,172 CMYK=32,0,43,0

■ RGB=3,185,85 CMYK=74,0,85,0

□ RGB=255,255,255 CMYK=0,0,0,0

■ RGB=45,97,233 CMYK=83,62,0,0

■ RGB=241,179,44 CMYK=9,37,85,0

美味风格的设计技巧——视频讲解的界面设置

　　食谱类应用主要是以食物应用为主体，相对于烹饪书籍的文字形式，食谱类应用可以将图片与文字进行一对一的讲解，还可以通过视频进行讲解，给人一种更加生动直观的感受。

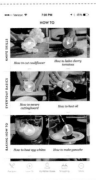

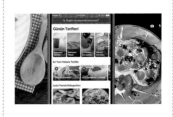

本作品为食谱类应用的视频目录界面设计。采用分割型的版式设计方式，使整个界面非常整洁。视频的详细讲解，更加方便用户的实际操作。

本作品为菜品做法的视频界面设计。黑色透明的背景下为菜品的视频界面，每一种菜品的左下角，都有播放按键、名称以及拍摄者。

本作品为美食教学软件的主页设计。用户可以根据自己的喜好点击观看不同类型的教学视频进行参考、学习。视频将食物作为封面，使用户一目了然，了解到该视频内容。

配色方案

双色配色

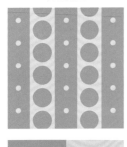

三色配色

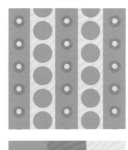

四色配色

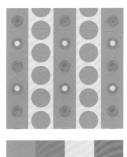

美味风格设计赏析

6.6　热情

热情可以激起人们的冲动并激发人的好奇心，给人一种骄阳似火的感受和向前奋进的动力，热情体现了人们对待事物表现出来的热烈、积极、主动的态度。在界面设计时，可以采用红色、橙色等具有热情属性的色彩，吸引用户的关注，激发用户的情感。

特点：

◆ 色调明亮。给人一种热烈、华丽的视觉感受；

◆ 热情的设计元素可使画面更具动感，使整个界面都充满积极向上的正能量；

◆ 热情充满了感性的色彩，容易让人接受并产生亲近感，使用户具有良好的交互体验。

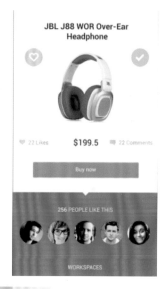

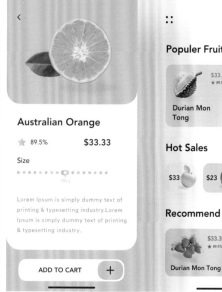

⊙ 6.6.1 热情——色彩明快的 UI 设计

热情风格的 UI 设计可以使界面动感热烈，极大地满足人们的情感需求，同时纯色的背景可以突出其上面的图标，有效地吸引用户的注意力。

设计理念：作为烹饪类应用分类界面的首页，具有导向性的作用，使用户可以按照分类进行搜索。

色彩点评：红色作为背景色，突出了图标的设计，营造出形象直观的视觉效果。

❶ 红色在整体界面中呈现出一种热情感，突出了白色的图标分类，可以吸引人们的注意力。

❷ 洋溢着热情气息的界面使那些即使没有食欲的人，也可以胃口大开。

	RGB=199,44,48 CMYK=28,94,86,0
	RGB=255,255,255 CMYK=0,0,0,0
	RGB=209,164,97 CMYK=24,40,66,0
	RGB=71,151,20 CMYK=74,26,100,0

本作品为烹饪类应用的欢迎界面设计。界面整体采用明亮的黄色作为底色，突出了卡通的图形，给人一种明亮清晰的视觉感受。这种设计保证了应用的流畅性，提升了用户对应用的感知度。

	RGB=244,241,100 CMYK=12,1,69,0
	RGB=0,0,0 CMYK=93,88,89,80

本作品作为水果销售平台界面设计。采用水果本色作为界面主色，明媚、亮丽的橙色给人一种鲜活、饱满、热情的视觉感受，使应用的视觉吸引力与感染力更强。

	RGB=252,149,46 CMYK=0,54,83,0
	RGB=255,255,255 CMYK=0,0,0,0
	RGB=254,218,62 CMYK=5,18,79,0
	RGB=115,159,69 CMYK=62,26,88,0

◎ 6.6.2 热情——活力四射的运动类 UI 设计

球场、赛场是挥洒汗水与激情的地方，比赛会激发人们的参与热情。同时运动类应用可以帮助人们了解比赛，或者帮助人们保持健康的身体，使人充满活力与激情。

设计理念：本作品为运动健身应用。作为健身类 APP，将正在锻炼的人物作为主图展示在首页，可以给人一种直观的视觉感受，吸引用户参与其中。

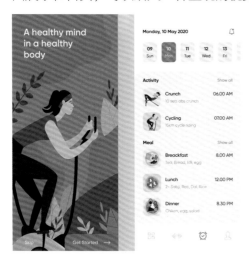

色彩点评：界面以橙红色作为主色，色彩明亮，给人一种鲜活、明媚、热情的感觉。

 背景图采用橙色与紫色进行对比色搭配，形成对比，带来极强的视觉刺激。

右侧采用水平型构图，将不同时间段进行的运动与所食食物规整排列，可使用户更方便地规划时间。

RGB=255,108,68　CMYK=0,71,69,0
RGB=255,203,166　CMYK=0,29,35,0
RGB=120,78,250　CMYK=74,71,0,0
RGB=79,53,84　CMYK=77,87,52,20
RGB=255,255,255　CMYK=0,0,0,0

本作品为运动 APP 主页设计。用户可以根据自己的喜好选择不同的运动种类进行锻炼。界面使用蜂蜜色作为图标背景色，并将运动类型通过简化图形加以表现，给人一种直观、生动、有趣的感觉。

RGB=245,243,238　CMYK=5,5,7,0
RGB=255,255,255　CMYK=0,0,0,0
RGB=255,222,166　CMYK=2,18,39,0
RGB=239,98,20　CMYK=6,75,93,0

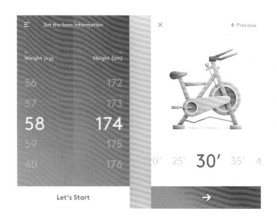

本作品为运动类应用主页设计。左图中为详细的身体数据，用户可以上传自己的相关数据，并有针对性地制订训练计划。

RGB=255,91,107　CMYK=0,78,44,0
RGB=255,162,111　CMYK=0,49,55,0
RGB=255,255,255　CMYK=0,0,0,0
RGB=244,217,206　CMYK=5,20,18,0

热情风格的设计技巧——运动类图标的设计

生命在于运动，运动可以增强自身的免疫力，使人对生活充满向往。

本图中的图标为运动图标，以纯色的圆形突出上面的运动器材。以每一项特有的器材作为标识，使用户一目了然地明白该图标的作用，不会产生歧义。

本图是一个足球类应用图标，以足球场作为背景，绿色的场地衬托出上方黄色比分牌，给人一种直观的视觉感受。

该图中的图标设计采用简化的人物造型表现不同的运动项目，获得了直观、生动、有趣的视觉效果，令人一目了然。

配色方案

双色配色

三色配色

四色配色

热情风格设计赏析

6.7 高端

高端风格的界面设计作品常给人一种奢华、高贵的感觉。手机 UI 界面可以通过图形、版式、色彩的搭配，向用户展现出更高档次的设计风格。同时可以展现该品牌的风采与内涵，增强人们的认知与关注度。

在颜色使用上，界面全部采用明度较低的色彩相互搭配，例如尊贵的紫色、奢华的金色、高贵的银色、稳重的棕色、深邃的宝蓝色、魅艳的朗姆酒红等，通过颜色的搭配突出了商品的精致与奢华。

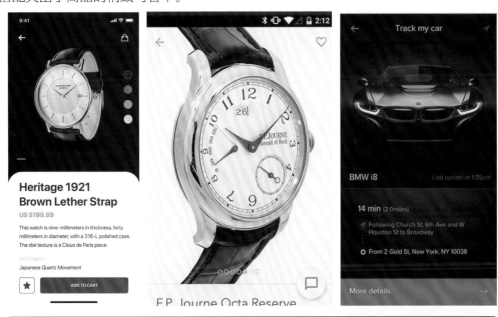

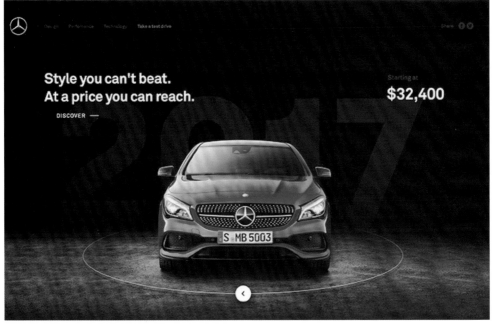

◎6.7.1 高端——奢侈品应用的 UI 设计

随着生活品位的提升，人们开始有能力购买一些奢侈品。奢侈品牌因其个性化的设计，可以凸显其高端奢华的品质。奢侈品本身具有的闪亮发光点，可以吸引人们的目光都集中于此。

设计理念：本作品是一款购买手表的应用，主要以名表为主，界面版式简洁干净，可以增强人们对手表的关注度。

色彩点评：界面以黑色作为背景色，突出手表的图片。图片背景为浅蓝色，给人一种清新淡雅的感觉，使手表更具欣赏性。

① 采用中心型的版式设计方式，将图片摆放在中心位置，可以将视觉集中到一点，抓住用户的眼球。

② 在图片右侧设计了一个圆形的按钮，用户可以点击进行物品的收藏，点击下方的黄色按钮就可进行物品的购买。

■ RGB=4,3,9 CMYK=92,89,83,76
■ RGB=209,233,251 CMYK=22,4,1,0
■ RGB=234,204,107 CMYK=14,24,66,0

本作品为汽车品牌的界面设计。其由蓝到紫的背景色给人一种高贵的视觉感受，车身优美的线条感，具有极高的观赏性，并带给人一种急速奔驰、豪华和炫酷的视觉感。

本作品为购物应用的物品详细信息界面设计。该商品为品牌香水，白色的背景色使玻璃材质变得更加晶莹剔透，增强了视觉效果，使产品显得更高档、奢华。

■ RGB=38,46,183 CMYK=92,84,0,0
■ RGB=129,15,209 CMYK=72,85,0,0
■ RGB=255,90,15 CMYK=0,78,91,0
□ RGB=255,238,54 CMYK=7,5,80,0

■ RGB=0,0,0 CMYK=93,88,89,80
□ RGB=255,255,255 CMYK=0,0,0,0
■ RGB=248,117,165 CMYK=2,68,10,0

◎6.7.2 高端——个人定制的 UI 设计

高端的设计作品可以根据用户的需求，进行个性化的定制，赋予其唯一性与独特性，给人一种高端大气的视觉感受。

设计理念：本作品为商业人士使用的名片应用。随着手机越来越智能化，人们已经不再使用老式的纸质名片，而多用电子名片，在手机上进行操作就可以编辑、发送、查看。

色彩点评：使用蓝色为背景色，给人一种干练、理性的视觉感受，从而可以初步了解该名片主人的性格。

👤① 用户可以定制自己的名片背景及个人信息，并通过背景颜色的深浅区分每一条信息。

👤② 背景中的线条提升了界面的空间感，具有一定的动感，增强了名片的观赏性。

RGB=31,86,124 CMYK=91,69,40,2

RGB=119,168,198 CMYK=58,27,17,0

RGB=217,218,217 CMYK=18,13,13,0

RGB=229,75,71 CMYK=11,84,67,0

本作品为网络搜索引擎的企业版图标设计使用蓝色设计西服的图标，给人一种冷静、干练、清爽的感觉，并在右下方突出一个大写的字母 G，表明该企业的产品应用。

RGB=85,144,245 CMYK=68,41,0,0

RGB=82,96,177 CMYK=77,65,2,0

RGB=212,228,253 CMYK=20,8,0,0

RGB=132,168,225 CMYK=53,30,0,0

RGB=255,255,255 CMYK=0,0,0,0

本作品为定制名片的界面设计。该软件可以帮助商务人士定制具有自己风格的双面名片，还可以调整文本样式、颜色、大小，方便用户的操作，并可以将制作好的名片邮寄到用户手中。

RGB=4,3,8 CMYK=92,89,84,76

RGB=206,217,235 CMYK=23,12,4,0

高端风格的设计技巧——紫色的妙用

高端风格的设计作品，能给人一种尊贵奢华的视觉体验。

本作品为音乐风格分类选择界面。界面采用深紫色为背景色，通过简单的线条描绘出类别，给人一种神秘、梦幻的感觉。

本作品为手机的设置界面。界面采用由黑到紫的渐变色，给人一种循序渐进的感觉，增强了界面的流动性。

本作品为电话通信应用的功能分类界面。紫色的界面设计，给人一种安静、沉稳的感觉，彰显了用户尊贵的身份。

配色方案

双色配色

三色配色

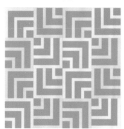

四色配色

高端风格设计赏析

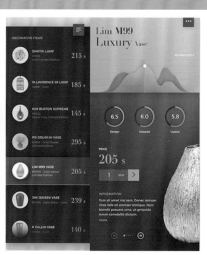

6.8　浪漫

　　浪漫风格的界面设计作品会使人产生一种梦幻、优雅、富有诗意的视觉感受。这种界面通常多选用粉色、紫色、玫红色等热情的颜色，以营造一种浪漫、华丽、优雅、高贵的环境氛围并通过鲜花、戒指、钻石等具有浪漫属性的元素，以增加界面整体的浪漫效果。浪漫风格的 UI 设计作品，深受女性的喜爱，热恋中的情侣同样也是该类应用的受众群体。

特点：

◆ 整体画面柔美、优雅，能引起人更深层次的遐想；

◆ 具有高辨识度的设计风格。

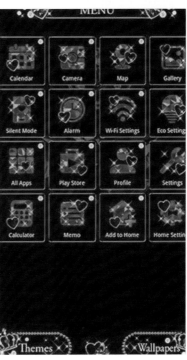

◎6.8.1 浪漫——粉色系 UI 设计

粉色象征着可爱、浪漫。纯粹的粉色是大部分女生喜欢的颜色，能给人一种甜蜜的感觉。屏幕上以粉色为主色的界面和生动形象的拟物化图标，可让人们产生美好的憧憬与向往。

设计理念：本作品为冰激凌购买应用界面设计。界面将产品作为主图进行展示，形成直观的视觉吸引力，能够刺激用户的味蕾。

色彩点评：采用粉色作为主色调，搭配山茶红色，给人一种甜蜜、浪漫、梦幻的感觉。

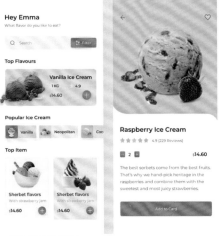

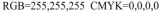

① 左图采用水平型的版式设计方式，既符合用户的浏览习惯，又给人一种一目了然的感觉。白色作为背景色，使界面呈现出干净、明亮的视觉效果。

② 该应用根据用户的喜好进行产品口味的推荐，同时详情页展示了原料与评论，使用户可以通过评论对产品进行评价。

RGB=249,207,219 CMYK=2,27,6,0

RGB=225,83,123 CMYK=14,80,32,0

RGB=249,108,127 CMYK=1,71,35,0

RGB=214,42,4 CMYK=20,94,100,0

RGB=255,255,255 CMYK=0,0,0,0

手机的粉色背景搭配拟物化的图标，给人一种可爱浪漫的视觉感受。图与文字规整排列，营造出一种干净整洁的视觉效果。

RGB=250,171,200 CMYK=1,45,5,0

RGB=253,230,246 CMYK=2,16,0,0

RGB=255,255,255 CMYK=0,0,0,0

RGB=215,213,216 CMYK=18,15,12,0

RGB=246,124,167 CMYK=4,65,11,0

RGB=110,93,103 CMYK=65,66,52,6

本作品是粉色类主题的应用界面设计。界面整体纯真、可爱，背景图片中的两个卡通人物，使整个界面充满了浪漫感。同时图标采用拟物化的设计方式，使整个界面更加生动活泼。

RGB=255,146,169 CMYK=0,57,17,0

RGB=245,77,48 CMYK=2,83,80,0

RGB=255,243,250 CMYK=0,8,0,0

RGB=248,209,20 CMYK=8,21,88,0

◎6.8.2 浪漫——应用花朵元素的 UI 设计

花朵是浪漫与美好的象征，每一种花都有其特定的含意。恋人之间最常送的花束就是玫瑰花，玫瑰花可以代表他们之间的爱情。

设计理念：该应用将手绘风格的玫瑰作为主图进行展示，给人一种典雅、浪漫的视觉感受。两个界面中的花瓣色彩形成类似反相的效果，统一了整体风格。

色彩点评：山茶红与淡粉色形成纯度不同的同类色搭配，使整个画面洋溢着甜蜜、浪漫的气息。

1️⃣ 粉色调色彩搭配白色，使整个画面明度较高，给人一种纯净、唯美、清新的视觉印象。

2️⃣ 蓝色的运用增强了画面色彩的视觉重量感，使画面更具视觉冲击力。

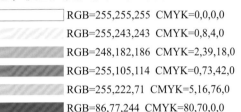

RGB=255,255,255 CMYK=0,0,0,0
RGB=255,243,243 CMYK=0,8,4,0
RGB=248,182,186 CMYK=2,39,18,0
RGB=255,105,114 CMYK=0,73,42,0
RGB=255,222,71 CMYK=5,16,76,0
RGB=86,77,244 CMYK=80,70,0,0

本作品为花店的应用界面设计。左图首页是销量较好的花卉品种及花卉的分类目录。右图为花卉的图文介绍、价钱的详情界面。界面采用红色系色彩，给人一种浪漫的感觉。

RGB=233,30,99 CMYK=9,94,41,0
RGB=250,225,225 CMYK=2,17,8,0
RGB=255,255,255 CMYK=0,0,0,0
RGB=199,27,28 CMYK=28,99,100,0

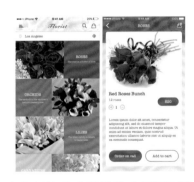

本作品为花束的购物应用界面设计。界面根据花束的颜色分类。花束的详情界面采用白色为背景色，突出了商品的特性，再结合文字信息的描述，使购买者可以根据需求预订，同时可以进行数量的选择。

RGB=199,27,28 CMYK=28,99,100,0
RGB=229,66,79 CMYK=11,87,60,0
RGB=233,109,125 CMYK=10,71,37,0
RGB=255,255,255 CMYK=0,0,0,0
RGB=167,117,216 CMYK=49,61,0,0
RGB=219,218,103 CMYK=22,11,68,0

浪漫风格的设计技巧——戒指元素在图标中的妙用

　　结婚是人生中比较浪漫的事情，可以真正和心爱的人白头偕老、相互陪伴。而戒指是婚姻必备的一件物品，所以在结婚应用的图标设计上，以戒指形状作为图标图案，可使用户清楚地了解该应用的作用。

本作品是一款关于结婚的钻戒。红色的小礼盒中，摆放着一枚钻戒。钻戒可给人带来浪漫的感觉与结婚的喜悦。	婚戒作为结婚时最重要的物品，必须具有独特性。用户使用本应用可挑选戒指的材质、样式等，还可对戒指进行独特的设计，以使其具有唯一性并带有浪漫感。	粉色系的礼盒，给人一种甜蜜浪漫的感觉。中间的钻戒明亮硕大，让人们对婚姻产生了美好的向往。

配色方案

双色配色

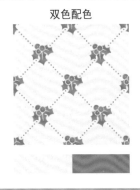

三色配色

四色配色

浪漫风格设计赏析

6.9 硬朗

在手机 UI 的设计中，坚硬风格的界面设计作品主要可通过一些具有坚硬属性的物品体现，如木头、石材、工业材质的元素，这些元素能使界面呈现出一种坚实、牢固的视觉感受。同时木、石材质的元素可给人一种大自然的感觉，工业材质则带给人极强的金属质感。

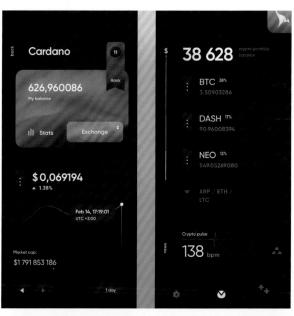

◎6.9.1 硬朗——游戏界面中坚硬感的 UI 设计

在游戏界面采用木头与石材元素，既能给人一种坚硬、结实的感觉，又可使游戏界面呈现出原始自然的风格。

设计理念：本作品为洞穴逃生游戏的开始界面设计。根据名字就可知道该游戏背景为在野外深山，所以游戏界面的风格设计以自然的场景为背景，其中图标和选项键基于石头的造型进行设计。

色彩点评：界面色彩搭配体现出大自然的色彩，符合游戏的背景设定。

🔴 作为一款原始风格的逃生类游戏，游戏内的画面既有一种原始风格的神秘感，又不失二次元的动感。

🔴 本游戏一共设置了多个关卡，需要玩家一步一步通关，达成解锁条件，才能继续通关。

RGB=202,222,223 CMYK=25,8,13,0

RGB=242,202,130 CMYK=8,26,54,0

RGB=106,40,41 CMYK=55,90,82,36

RGB=206,195,67 CMYK=28,21,82,0

本作品为游戏的公告界面设计，在游戏中有赏金任务。公告板的制作采用了木头的材质，上面钉着羊皮纸用来发布任务。符合公告牌都是立在屋外的惯例，木质给人一种坚硬的感觉。

■ RGB=80,53,36 CMYK=64,75,87,44

■ RGB=200,151,84 CMYK=28,46,72,0

■ RGB=81,94,14 CMYK=73,56,100,20

本作品为游戏战斗界面设计。作为闯关类游戏，每一关的最后都会出现一个BOSS，该关卡的 BOSS 设计以深色石块堆砌而成，身上有红色岩浆的裂纹，把怪物形象化，具有生动性。

■ RGB=61,21,30 CMYK=68,91,77,58

■ RGB=209,110,53 CMYK=22,68,84,0

■ RGB=55,58,75 CMYK=83,78,59,29

◎ 6.9.2 硬朗——稳定沉稳的 UI 设计

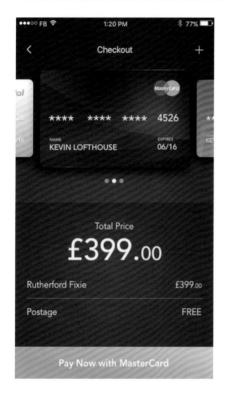

此类界面风格大多数以黑、白、灰为主色，搭配少许较低明度的蓝色、红色、黄色、绿色等。整体色调偏冷，给人一种沉稳、冰冷、坚硬的视觉感受。整体色调明度偏低，营造出一种稳定的视觉效果。

设计理念：本作品为理财应用的支付界面设计，用户可以选择银行卡来支付钱款。

色彩点评：深色系的背景色，给人一种理性、严谨的感觉。

❶ 界面采用对称型的版式设计方式，上方为银行卡的卡片信息，给人一种真实感。通过滑动卡片，可以选择不同的银行卡。

❷ 下方为支付的钱款、明细、是否需要邮费，着重突出了钱款，以便用户确认。

RGB=151,85,209 CMYK=60,72,0,0
RGB=51,52,72 CMYK=85,82,58,31
RGB=255,255,255 CMYK=0,0,0,0
RGB=77,148,230 CMYK=70,36,0,0

本作品为金融理财应用界面设计。界面采用水平型的构图方式，将不同时期的投资与收益情况清晰展现，通过这种透明化设计使用户更加安心。水墨蓝色作为主色调，形成沉稳、理性、严谨的视觉效果。

RGB=52,56,74 CMYK=84,79,59,30
RGB=135,138,152 CMYK=54,44,33,0
RGB=255,255,255 CMYK=0,0,0,0
RGB=203,172,123 CMYK=26,35,55,0

本作品为手机图标的界面设计。菱形拼接组成的图标，再配以同色系颜色深浅的变换，赋予画面一种金属质感，给人一种刚硬的感觉，同时金黄色的图形使其变得更柔和，更具独特的个性。

RGB=15,19,16 CMYK=88,81,85,71
RGB=119,119,119 CMYK=62,53,49,0
RGB=195,195,195 CMYK=27,21,20,0
RGB=255,197,1 CMYK=3,29,89,0

硬朗风格的设计技巧——金属材质的保险箱妙用

保险箱在现实生活中是一种特殊的容器，可以保障财产、文件等重要物品的安全。随着手机越来越智能化，手机中的文件也是需要保护的。在图标的设计上借用保险箱的图形，可使该应用在视觉上给人一种安全、私密的感觉。

金属质感的保险箱，极具现代工业感，很小的云图标可将这个保险箱与其他图标区分开来。

半打开的保险箱，表明了该应用的作用，具有安全保障的寓意。

作为保障图片信息的图标，使用户的相册更加安全，保护了使用者的隐私秘密。

配色方案

双色配色

三色配色

四色配色

硬朗风格设计赏析

6.10 纯净

纯净的界面可使人产生一种无添加、无杂质、干净简洁的视觉感受。相对于较为繁杂的界面，纯净风格能更加直观地体现出界面上的图标，使整个界面更加自然干净、纯洁明快。而各种应用的图标简洁直观，可使人一目了然地明白该图标的作用，具有简单易识的效果。

特点：

◆ 在 UI 的界面设计上，注重元素之间的间距与整体界面布局；

◆ 背景多采用白色，给人一种纯洁、舒适的感受；

◆ 在 UI 图标的设计上，多以线条式图标为主，与应用中的界面保持一致。

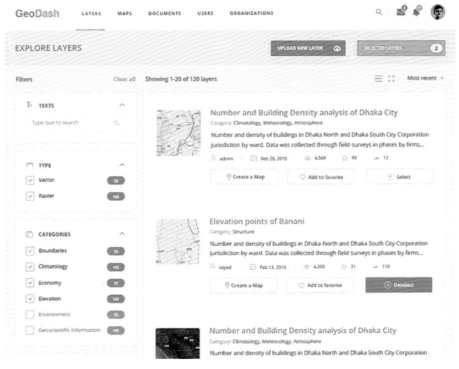

◎ 6.10.1　纯净——简约纯洁的 UI 设计

浅色的界面不仅会让人产生一种纯洁无瑕的感觉，并吸引人的注意力，还能更加突出界面上的图片、文字信息，使其更加醒目。

设计理念：作为网上商城的商品界面，采用重心型的设计版式方式，可以着重突出商品的图片。

色彩点评：浅灰色的背景对图片与文字作了很好的衬托，不会给人突兀的感觉。

🔵 作为网上商城的界面，采用重心型的版式设计方式，突出了商品，而商品的白色背景更加突出婚戒的高贵奢华。

🔵 采用浅灰色的背景，巧妙地将界面划分为商品名称、商品图片、文字介绍、购物数量。

RGB=255,255,255 CMYK=0,0,0,0
RGB=241,243,242 CMYK=7,4,5,0
RGB=126,140,141 CMYK=58,41,42,0

本作品是一个天气预报的界面设计。整体界面采用重心型的版式设计方式，凸显温度信息，营造出一种干净、简洁的界面效果，并可以看到未来几天的天气情况。

RGB=234,234,234 CMYK=10,7,7,0
RGB=249,243,245 CMYK=3,6,3,0
RGB=31,31,31 CMYK=83,79,78,62

本作品是交通出行应用的界面设计，用户可以查询到达目的地的最佳路线，也可以知道公交车大约到达的时间。界面布局简单清爽，给人一种干净、清晰的感觉。

RGB=255,255,255 CMYK=0,0,0,0
RGB=245,244,250 CMYK=5,5,0,0
RGB=59,75,174 CMYK=86,75,0,0

◎6.10.2　纯净——线条感十足的 UI 图标设计

该图标采用简洁明了的线条设计方式，通过纯色的背景突出线条的美感，给人带来一种直观的视觉享受。通过简单的线条使界面也变得更加生动有趣。

色彩点评：根据人们通常的理解，为图形填充各种点缀色，可使图标更加生动易懂。

❶ 简单的线条就可以组成生动的图标，使人一目了然地明白今天的天气情况，并根据提示进行衣着装扮和雨具的携带。

❷ 橘色的太阳，浅灰色的云朵，雨滴则通过颜色的深浅变换来区分大雨小雨等，颜色的填充使图标更为形象生动。

■ RGB=244,173,29　CMYK=7,40,88,0
■ RGB=75,135,187　CMYK=73,42,15,0
■ RGB=204,204,204　CMYK=23,18,17,0
■ RGB=207,233,250　CMYK=23,4,1,0

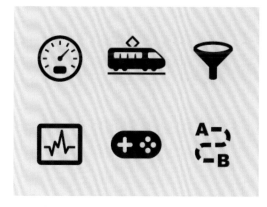

本作品是图标界面设计，采用简单的线条显示图标的含义，可使用户简洁明了地明白该图标的含义，具有易识性。

■ RGB=230,230,230　CMYK=12,9,9,0
■ RGB=50,50,50　CMYK=79,74,72,46

本作品为图标的界面设计。整体界面借鉴了黑板、粉笔的创意。随性的线条勾勒出一个个随意的图标，使整个界面极具动感与线条美。

■ RGB=56,70,45　CMYK=78,63,88,37
■ RGB=96,111,82　CMYK=69,52,74,8
□ RGB=255,255,255　CMYK=0,0,0,0

纯净风格的设计技巧——界面版式的设计方法

　　纯净风格的设计作品从界面的颜色与版式的编排上看，可获得一种清爽干净的视觉效果。界面颜色多采用浅色作为底色，给人一种明亮清晰的视觉感受。

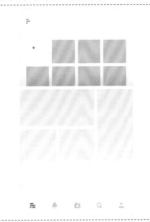  

本作品采用了纯净风格的设计技巧，整体色调由灰色渐变过渡到白色，纯净而不失大气，使人油然生出一种看惯繁华后返璞归真的微妙境界感。	本作品为家庭监控应用，采用分割型的版式设计方式，使每个功能都井然有序。蓝色的图标既能给人一种清爽的感觉，又可吸引用户的注意力。	本作品为天气应用界面设计。采用蓝色与白色为主色进行搭配，并通过矢车菊蓝与天蓝色的渐变过渡丰富色彩层次，给人一种明亮、纯净、梦幻的视觉感受。

配色方案

双色配色　　　　　　　　　三色配色　　　　　　　　　四色配色

纯净风格设计赏析

 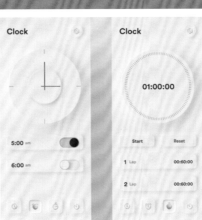 

6.11 复古

　　APP UI 设计中的复古风格是相对于现在的科学技术而言的，较为传统古老却别具韵味，具有沧桑的历史年代感与厚重感，也体现了科技发展的道路与历史进程。设计者怀揣着一颗怀旧的心，采用复古元素来设计 UI 与图标，反而引领了一波另类的时尚与潮流。通过富有创意的设计作品展现出具有时代性的个性化风格。

　　特点：

◆ 使用旧时代的元素，引领新风尚；

◆ 把元素、言语经过想象还原成旧的事物；

◆ 激发人们怀旧的情感，增强历史年代感。

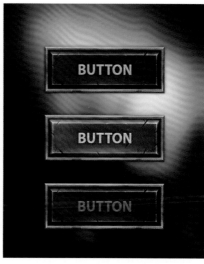

◉ 6.11.1 复古——像素游戏的 UI 设计

随着手机屏幕的分辨率越来越高，画质越来越清晰，像素游戏应运而生。它是基于现在的科技水平，依旧采用像素设计元素处理图形的一种方式。这种方式强调图形的清晰轮廓、色彩明快和卡通造型，使用颗粒像素形成独特的游戏画风，具有独特的复古、怀旧风格。

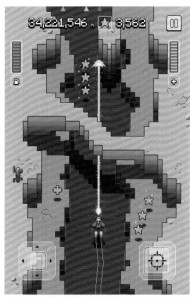

设计理念：使用像素设计元素处理图像，画面简单、可爱，界面复古、朴实。

色彩点评：土黄色与深蓝色搭配，给人一种怀旧、复古的感觉。

① 该飞行射击类游戏以空中俯视的角度切入，具有俯瞰全局的视觉效果。

② 画面从外向内色彩明度逐渐降低，形成纵深感与空间感，使游戏界面更具层次感。

- RGB=232,189,112 CMYK=13,31,61,0
- RGB=187,148,100 CMYK=33,45,64,0
- RGB=75,63,107 CMYK=82,84,42,6
- RGB=95,62,94 CMYK=72,84,49,12
- RGB=78,185,49 CMYK=68,3,99,0
- RGB=172,236,255 CMYK=35,0,5,0

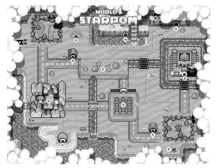

本作品是游戏的地图界面设计。彩色的地图界面，道路、房屋设计简单易懂，给人一种卡通的即视感。采用像素来制作游戏，抛弃了游戏的炫丽感，更注重游戏的趣味性。

- RGB=182,192,33 CMYK=38,17,93,0
- RGB=105,102,215 CMYK=71,63,0,0
- RGB=255,187,54 CMYK=2,35,81,0
- RGB=232,126,140 CMYK=11,63,31,0
- RGB=118,167,164 CMYK=59,24,37,0

本作品是射击游戏"像素枪"的启动界面设计。界面通过像素块的堆砌和颜色上的互相搭配，组成游戏中的人物、枪支、场景等，让人体验到另一种独特的枪战游戏。

- RGB=0,0,4 CMYK=94,90,86,78
- RGB=113,83,83 CMYK=61,70,62,14
- RGB=255,16,15 CMYK=0,95,91,0
- RGB=254,187,0 CMYK=3,34,90,0
- RGB=0,190,44 CMYK=73,0,100,0
- RGB=4,124,237 CMYK=81,49,0,0

◎ 6.11.2　复古——使用传统物品进行 UI 图标设计

老式物品会让人怀旧，它们是历史变迁的写照，也包含着人们特别的记忆，给人一种复古、怀旧的感觉。

设计理念：使用老式胶片相机的造型，制作出相机的图标。

色彩点评：各种暖色调的颜色搭配，给人一种温暖的感觉。

🔹 图标上相机的取景器、倒片摇把、镜头等，形象地展现出传统的相机特点。

🔹 浅黄色拼接红色的机身、橘色的镜头，在颜色上给人一种温暖的感觉，使人感觉到暖暖的复古韵味。

RGB=220,18,4　CMYK=17,98,100,0
RGB=240,157,1　CMYK=8,48,94,0
RGB=217,173,108　CMYK=20,37,61,0
RGB=82,59,28　CMYK=64,72,98,42

本作品是一个音乐播放器的图标设计。图标的设计以老式的针式留声机为基础。留声机、黑胶唱片可以把人们带回 20 世纪初期，使人产生一种怀旧、复古的情感。

RGB=209,147,108　CMYK=23,50,58,0
RGB=50,40,39　CMYK=76,78,76,54
RGB=191,178,162　CMYK=30,30,35,0
RGB=113,8,2　CMYK=52,100,100,36

本作品是一个视频播放器的图标设计。图标的造型使用老式电视机，电视的屏幕图像为测色条，过去电视节目播完了，就会出现测色条。此图标适合怀旧复古的人来追忆过去。

RGB=216,213,134　CMYK=22,14,56,0
RGB=54,187,196　CMYK=69,7,30,0
RGB=183,153,177　CMYK=34,44,18,0
RGB=219,115,106　CMYK=17,67,51,0
RGB=85,87,76　CMYK=71,62,69,19

复古风格的设计技巧——复古元素在 UI 中的妙用

随着科技的发展，电子产品更新换代的速度越来越快，这个时候老物件就成为一个时代的代表。例如，老式的旋转拨号机、闹钟等，这些都是时代的产物，具有它们自身的特点。

手机界面的图标都由像素组成，通过一个个像素块组成形象生动的图标，界面带给人们一种复古的感觉。

本作品采用旋转拨号机作为拨号界面。拨打电话必须通过旋转数字键盘，给人一种强烈的复古感。

本作品作为手机主界面，在颜色上采用黑白灰，在界面图片的选择上也以老物件为主，使人产生一种复古的情感。

配色方案

双色配色

三色配色

四色配色

复古风格设计赏析

6.12 扁平化与拟物化

本节主要介绍在 UI 界面设计中引起广泛讨论的两种设计理念：扁平化与拟物化。

扁平化风格现已成为较流行的设计风格，属于极简的设计方式，去除掉多余的纹理、边框、阴影、3D 效果等元素，还原出最简单的图形图标，呈现出一种清爽干净的界面。其最大特点是降低了耗电量，减少了人们的认知障碍，可以适应不同屏幕的移动端等。

拟物化风格则是以现实生活中的物品为样板，模拟其造型和质感，通过形状、高光、阴影、3D 等效果进行图标的设计，给人一种生动直观的视觉感受。其特点是具有生动性与易辨识性，可以传达丰富的情感，具有良好的交互体验等。

◉ 6.12.1 扁平化风格

扁平化风格简化了图标中复杂多余的东西，避免了纹理与光影的繁杂，使图标更加简单。但过于简单化的图标可能会造成用户认知上的混淆。

设计理念：采用扁平化的设计理念，给人一种简洁的视觉感受。

色彩点评：以纯色作为背景，可以更加突出图标，吸引用户的注意力。

➊ 圆角矩形的图标设计给人一种圆滑的感觉。

➋ 图标上的图形更加直观、简洁，例如人们通过音符就可以知道是音乐播放器，不需要其他的元素烘托。

RGB=255,255,255 CMYK=0,0,0,0
RGB=67,96,126 CMYK=81,63,41,1

本作品为IOS8的图标集合，图标粉色背景使图标更加清晰，可以吸引用户的注意力。同时在图标的设计中，运用阴影加以衬托，使图标更立体饱满。

■ RGB=247,155,158 CMYK=3,52,27,0
■ RGB=200,173,204 CMYK=26,36,7,0

本作品为IOS系统的桌面布局，整体整洁干爽，图标给人一种简洁明了的视觉感受，手机背景给人一种梦幻的感觉，增强了界面的空间感。

■ RGB=131,147,206 CMYK=55,41,2,0
□ RGB=255,255,255 CMYK=0,0,0,0
■ RGB=2,227,46 CMYK=66,0,96,0

⊙6.12.2 拟物化风格

拟物化风格更加偏重于现实感，在用户使用时可以与真实世界中的事物产生共鸣，获得极好的交互体验。

设计理念：作为一个智能家居应用程序，呈现在用户面前的是将不同的温度、信号、监控等信息以缩略版实物进行展示的界面，较为生动、真实。

色彩点评：深灰色木纹背景使人联想到室内的环境，给人一种温馨、安心的感觉。

🔘 应用界面背景模仿现实中的地板木纹，使用户产生一种较强的代入感。

🔘 骨骼型的排列方式平均分割界面，呈现出井然有序的视觉效果。

RGB=44,141,189 CMYK=77,36,18,0

RGB=143,143,143 CMYK=51,42,39,0

RGB=37,37,37 CMYK=82,78,76,57

RGB=212,60,63 CMYK=21,89,73,0

RGB=255,255,255 CMYK=0,0,0,0

本作品为书籍阅读的图标设计，采用翻开的书籍作为原型。翻动的书籍给人一种真实感，更贴近真实生活。

本作品为计算器功能的手机应用界面设计。界面以现实生活中的计算器作为模型，复制了其布局模式，使人可以很方便地使用，不需要额外学习，并通过不同的颜色划分了功能区域。

RGB=41,133,211 CMYK=78,42,0,0

RGB=228,221,203 CMYK=13,13,22,0

RGB=12,173,194 CMYK=74,14,27,0

RGB=218,227,235 CMYK=18,9,6,0

RGB=211,207,203 CMYK=21,18,18,0

RGB=154,151,148 CMYK=46,39,38,0

RGB=237,163,88 CMYK=10,45,68,0

扁平化风格和拟物化风格的设计技巧

扁平化风格和拟物化风格有各自的优点，不能随意评论其好坏，无论哪一种风格的设计，都应根据具体情况灵活运用。

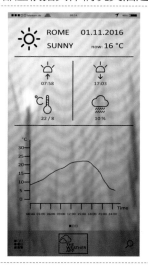

本作品为天气应用界面设计。界面采用扁平化的风格，具有较强的线条感与识别性，给人一种简洁明了的感觉。

本作品的图标参考生活中的元素设计而成，通过附加的图片效果，使图标更加生动、立体。界面上方的播放器组件同时显示时间，便于用户查询。

配色方案

双色配色

三色配色

四色配色

扁平化风格和拟物化风格设计赏析

6.13　设计实战：手机游戏启动界面设计

◎ 6.13.1　设计思路

应用类型：游戏类应用。

面向对象：青少年及游戏爱好者。

项目诉求：这款游戏属于面向青少年的益智类休闲手游，玩家以回合制的方式在特定场景中寻宝。游戏节奏轻松活泼，画面偏向于暗调的复古风格。

设计定位：根据益智和受众群体是青少年这一定位，启动界面风格确立为偏向于卡通的扁平化风格。界面中包含卡通元素，但整体界面又不完全是卡通形象。整个界面以墙壁的图片为背景，增强了视觉的冲击力。图标和菜单栏采用扁平化风格，字体采用偏可爱的 POP 风格。

◎ 6.13.2　配色方案

在以寻宝为主题的游戏中，低明度的色彩往往更能激发人的探知欲。但完全黑色又显得过于沉闷，所以本案例采用了一张黑灰相间的背景图，不仅营造出一种复古的界面氛围，而且在视觉上也会使人产生一种空间感。

主色：界面的大面积区域以灰色为背景，带有颜色的区域主要集中在按钮以及卡通形象上。本界面的主色选择了一种偏灰的红色，这种颜色来源于版面底部的卡通形象。在按钮上使用这种颜色能够相互呼应，而且这种颜色在灰调的背景上并不会显得过于突兀。

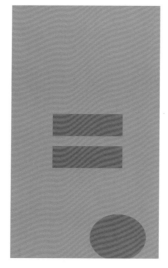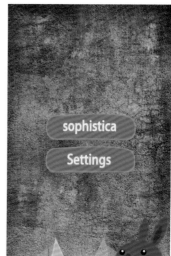

辅助色：辅助色选择了一种与灰度接近的土黄色作为另一个按钮的颜色，红色与黄色本身就是邻近色，搭配在一起同样很和谐。

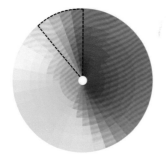

点缀色：点缀色的运用主要是为了增强版面的灵动性，同样选择了一种偏灰调的颜色，黄色与绿色同样是邻近色，所以在版面中点缀小面积灰调的黄绿也是比较合适的。

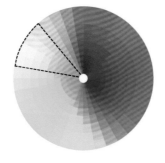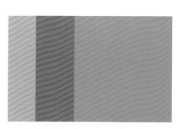

其他配色方案：这款手游界面的复古感主要通过背景来体现，之前选择的是一种偏冷调的背景，如果想要产生一种暖调的色感，使用旧纸张或者旧木板也是不错的选择。

◎6.13.3 版面构图

移动客户端由于受手机显示器的限制，所以通常不会在一个屏幕范围内显示过多的内容。本作品的界面顶部为游戏名称标志，中部是启动界面中最主要的图标按钮，居中依次竖直排列。界面的左下方纵向排列三个较小的辅助功能按钮，由于这三个按钮并不常用，所以摆放在相对来说不太容易被触碰到的位置。这种版式是比较常见的符合用户使用习惯的启动界面，简洁明了。

本作品的版面比较接近于对称式构图，为了使界面更加规整，也可以将左下角的按钮排列在界面底部。还可以将版面布局调整为左右型，将工具栏和小图标按钮左右排列。

◎6.13.4 凉爽

凉 爽	分 析
	● 本作品为凉爽风格的界面设计，界面颜色为浅蓝色，搭配柠檬图片背景，给人一种凉爽的感觉。 ● 蓝色、青色等是具有"凉爽"视觉效果的颜色，可以使人得到一定的放松，并产生一种舒适感。

◎6.13.5 硬朗

硬 朗	分 析
	● 本作品为硬朗风格的界面设计，木质具有坚硬的属性，在背景中采用木质纹理，给人一种坚硬、结实的感觉。 ● 游戏界面中，第一个按钮与游戏名称标题为相同颜色，中间两个按钮与下方的兔子颜色相同，整个界面风格非常和谐。

◎6.13.6 清新

清 新	分 析
	● 本作品为清新风格的界面设计，绿色、碎花是清新风格的主要特点，在界面中采用这些元素，可以营造出一种小清新的视觉氛围。 ● 界面在颜色的选择上以明亮色为主，营造出一种清新亮丽的视觉效果。

第 7 章

APP UI 设计秘籍

随着科学技术的飞速发展，电子产品不断更新换代，智能手机也越来越普及。所以 UI 设计也要与时俱进，打造新的风格。在进行 UI 设计时，要考虑到版式布局、颜色、字体、物理尺寸与实际尺寸、交互方式等。本章将着重讲解设计 UI 时的一些小技巧。

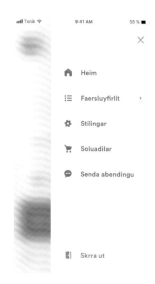

7.1 UI 设计中的版式布局

随着科技的快速发展，移动设备也从按键发展到全屏时代，手机界面随之从单一化向多元多样化发展。在考虑用户操作前提下，版面的构成则成了传递信息的关键所在。设计完美的版面，可以传递出完整的信息，同时还可以体现手机界面的美观性。

本作品为家庭房屋监控应用界面设计。该界面采用了骨骼型的版式设计方式。

- 骨骼型的版式设计使界面看起来更有秩序感，更加简洁。
- 骨骼型的版式设计可使人产生一种严谨、和谐、理性美。

本作品为 windows phone 的界面设计，为证券交易应用。

- 界面布局采用骨骼型布局方式，给人一种整齐、对称的感觉，体现出理财类应用的严谨性与安全性。
- 模块区域的底色都是青色，在黑色背景的衬托下，使界面布局划分更加明确清晰。

本作品为移动端的矿泉水网站宣传界面。

- 本作品采用重心型的版式设计方式，把矿泉水瓶的图片摆在界面的正中间，形成一种较强的视觉冲击力，可以更加吸引用户的注意力。
- 绿色的背景给空间增添了活泼的色彩，给人一种眼前一亮的感觉。

7.2　通过实例来了解 UI

好的 UI 界面设计可以让用户的操作变得简单，下面通过实例来讲解 UI 界面的版式布局，可以帮助用户进一步理解什么是 UI 界面，以方便我们今后的设计。

本作品为移动 UI 购物车界面。

- 作为一个购物应用的购物车界面，通过该界面可以很直观地看到用户购买的物品。界面布局中有取消和编辑按钮，还有商品名称和价钱、总价、结账按钮。
- 总价区域的背景色为浅灰色，起到区分界面的作用。结账的按钮为蓝色圆角矩形，符合人们日常的习惯，也可吸引用户的注意力，具有提示的作用。

本作品为移动用户编辑购物车界面。

- 用户加入购物车中的商品，可以根据需求进行变更或删除，整个界面分为 4 个部分，即保存按钮、商品名称、商品数量、总价。
- 商品名称前有个红 × 的图标，表示可以删除该件商品。红色具有提示、警告的作用。

本作品为移动 UI 订单状态界面。

- 在用户已经购买完成该件商品的情况下，所形成的订单界面，上面有 3 个部分，即商品图文、商品价钱、订单详细信息。
- 通过颜色来区分界面的不同区域，订单详细内容的区域背景为浅灰色，使用户可以很好地区分。

7.3 颜色的合理搭配

颜色可以给人一种直观的视觉感受，是人类认知事物的媒介之一。人们在提到某种物品的时候，会先想起其颜色，然后才是物品的形态。色彩具有一定的情感，可以表达人们的喜怒哀乐。在设计时可以根据相应的文化背景及人们的心理反应，应进行合理的颜色搭配。

本作品为快餐外卖应用的界面设计。

● 界面背景为黑灰色，有助于突出快餐食物的图标，同时中间位置有一个黑色的圆形，好像一个人张大的嘴巴，要把这些美味的食物全都吃进去，可以激发人们的食欲。

本作品为理财应用界面设计。

● 整个应用采用深色作为背景，而区域标题栏的背景为明亮色，将界面均匀划分，使用户可以清楚地看到各种数据的统计图。
● 右侧的统计图采用渐变的颜色，使数据增强了层次感，给人一种更为直观的视觉感受。

本作品为时间表应用的界面设计。

● 时间表是用户在该段时间的计划任务备忘录，可以帮助用户管理自己的时间与行程。该应用较为适合商务人员使用。
● 每个任务都有不同颜色背景，通过该颜色所占的面积可以将抽象的时间形象化。

7.4 图标的物理尺寸与实际尺寸

俗话说"耳听为虚，眼见为实"。眼睛可以直接观察物品的形状，也可能会被表面现象所欺骗而产生视觉误差。光线是通过视网膜把光线转化成视觉信号传递到大脑的，所以会有各种因素导致我们看到的事物既有真实的，也有可能产生偏差，特别是在做图标设计时尤其要注意这一点。

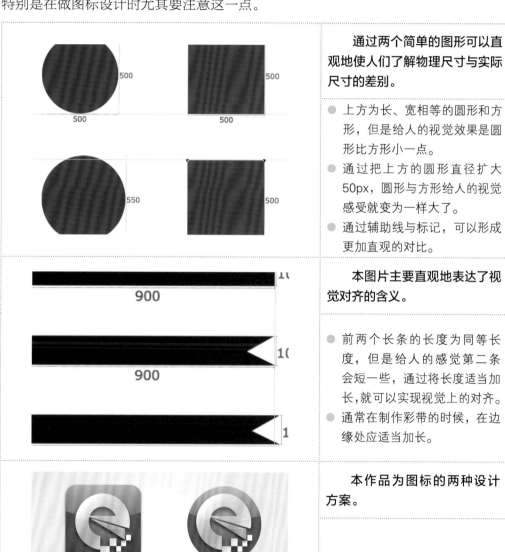

通过两个简单的图形可以直观地使人们了解物理尺寸与实际尺寸的差别。

- 上方为长、宽相等的圆形和方形，但是给人的视觉效果是圆形比方形小一点。
- 通过把上方的圆形直径扩大50px，圆形与方形给人的视觉感受就变为一样大了。
- 通过辅助线与标记，可以形成更加直观的对比。

本图片主要直观地表达了视觉对齐的含义。

- 前两个长条的长度为同等长度，但是给人的感觉第二条会短一些，通过将长度适当加长，就可以实现视觉上的对齐。
- 通常在制作彩带的时候，在边缘处应适当加长。

本作品为图标的两种设计方案。

- 本作品体现了图标的两种设计形式，分别采用方形和圆形来设计图标。
- 就图标的底部背景色也进行了替换，提供了两种方案。

7.5 常用的设计尺寸

　　APP UI 界面的尺寸是根据手机屏幕的大小及手机系统而制作的。随着时代的发展，手机屏幕越来越大，分辨率也越来越高，同一个品牌的手机因生产的时间不同在界面设计上也不大相同。同时为了方便开发人员的使用，设计师在按照尺寸设计完成之后还要进行切图处理，使界面在不同的手机上呈现出最佳的状态。

本图片介绍了苹果手机导航栏与标签栏的尺寸。

- 苹果手机根据其生产的不同机型，屏幕的设置与分辨率也不尽相同。
- 设计师会根据屏幕的大小进行相应的调整，以便符合用户的视觉习惯。

本作品为同一个应用在不同屏幕中的显示。

- 不同设备的屏幕大小有所区别，因此音乐播放器界面中的元素尺寸也是不一样的，但其元素位置应大体保持一致。根据屏幕的大小，进行一定比例的放大与伸缩，可让人在使用时感到更加舒适。

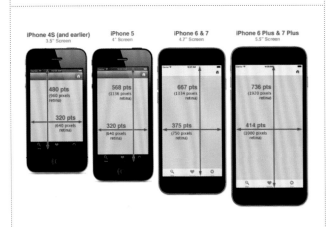

本作品为各代苹果手机的屏幕大小比较图。

- 同一应用在不同屏幕上显示，通过将屏幕的尺寸进行标示，给人准确的数据信息。
- iPhone5 之前的应用设计，在标题栏与工具栏设计上，还采用不同的背景颜色。而iPhone6 之后手机界面变得更加简洁，使整个界面更加清爽。

7.6 MBE 风格的设计

MBE 风格是近年来深受用户喜欢的一种设计风格。这种设计方式在设计时使用粗线条描边，扁平的效果中掺杂着立体，再通过明亮色彩的搭配、粗细不均的线条轮廓及边缘线条的间隙修饰，可使图标造型更加活泼、生动、有趣。简单的图形可选择溢出来填补空白，而复杂的图形则不宜采用。设计出的界面、图标整体应呈现出活泼、可爱、小清新的视觉效果。

本作品是一个 MBE 风格的图标设计，给人一种清新可爱的感觉。

- 边框采用黑色粗线条的设计方式，通过断点为图形增添了生动性。
- 简单化的图形采用了溢出的设计方式，使图标更加有质感，强化了图标的风格。

本作品是一个比萨店的外卖应用界面设计。

- 作为一个比萨店的外卖应用，人们可以在其中选择比萨的大小、配料和用户个人的额外添加。
- 界面中的图形为 MBE 风格，给人一种可爱的视觉感受。在选择披萨的尺寸时，图片也会发生变化。

本作品为输入法的欢迎界面。

- 天蓝色的背景，衬托着手机键盘的图形。雪人国王从键盘的后面伸出脑袋，给人一种可爱、俏皮的感觉。

7.7 开放式路径图标的妙用

开放式路径的图标给人一种干净、简洁的视觉感受，使界面更加整齐。整个界面呈现出极简的风格。

本作品为图标的设计。

- 设计的每一个图标都有自己的开口，不是全封闭的图形，使图标具有一丝灵动性。
- 有的图标在接口的位置中间画了一个小点，使图标更具有独特的风格，可以给人眼前一亮的感觉。

本作品为图标的设计。

- 采用开放式路径图标，给人一种简约、清新的感觉，简单的线条勾勒出一个个生动形象的图标。
- 相较于复杂的图标设计作品，该作品给人一种简单的清爽感。

本作品为图标的设计作品。

- 该图标呈现出连笔画的效果，开放式路径给人一种通透、干脆利落的感觉。
- 相较于复杂、立体的图标设计作品，本界面中的图标笔触更加简约、流畅。

7.8 列表的设计方式

表单作为较常见的界面组件之一，应用在用户注册、用户登录、问卷调查、网购地址等领域。表单的设计重点在于设计者与用户的沟通，因此要讲究一定的设计方式，那就是站在用户的角度考虑问题，删除不必要的选项，提高用户的填表效率。

本作品为手机应用的账户注册界面设计。

- 列表在设计上符合逻辑，依次输入用户姓名、联系方式、密码以及性别等信息，最后创建账号。
- 对于账户的创建需要再确认一遍，防止用户输入错误。

本作品为用户反馈界面设计。

- 用户对于该应用的体验效果可以根据等级的划分进行选择，也可以提出一定的意见。
- 界面简洁明朗，上方为选择的内容，下方为文本框，使用户一目了然。

本作品为任务计划应用界面设计。

- 用户可以根据自己的需要进行相应任务的建立。将所有的任务排成一个列表，方便用户查看。
- 相似的任务以同一个颜色作为分类，整个任务条呈现为灰色。

7.9 字体的使用

　　每一种字体都有自己独特的风格，给人的视觉感受也不尽相同。鉴于手机屏幕的大小，在字体大小的使用上会受到一定的限制。因此，根据所应用的环境不同，字体的设计也应有所区别。

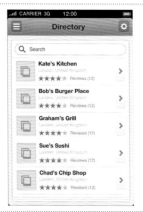

本作品为菜谱的目录界面设计。

● 作为一个食谱类应用，在设计上仿照了书籍的模式，所以在文字的使用上采用较为正式的文字，给人一种干净明朗的视觉感受。

● 通过加粗及颜色上的变化，将文字加以区分。把标题文字加粗，可以吸引用户的注意力。

本作品为手机设置界面的字体设置。

● 手机是人们日常生活中的必需品。为了方便不同年龄的人使用手机，所以需要调整字体的大小。字体大小分为四种字号，即小、正常、大、超大。

本作品为游戏奖励界面设计。

● 作为一款休闲小游戏，界面采用卡通元素进行设计。通过表情丰富的柴犬与立体感的木板使界面充满俏皮、灵动的气息。

● 文字采用字型较为圆润，边缘线条流畅的字体，给人一种可爱、无攻击力的感觉，符合游戏所表现出的风格。

界面空间的节省

在移动界面的设计中，要想在屏幕上展现出更多内容，需要根据用户的需求分清主次，注重实用性。可以通过整合、分割、聚类、规整、替换等方法进行设计，最大程度地节省界面空间。

本作品采用聚类的方法设计界面，将相似的东西放在一起节省空间。

- 将具有相似属性的图标放在一个方框中，方便用户查找与使用。
- 同时也增加了界面的可利用空间。

本界面中采用了借位的设计手法。

- 该应用的界面在上方将设备分类排列，下方的"×"可以关闭界面。
- 借位的设计，通过借用上、下、左、右的屏幕位置，从而增大了界面空间。

本作品为文件存储的界面设计。

- 该界面采用九宫格的设计方式，界面整洁干净，界面空间充分得到利用。
- 文件的图标形象生动，呈现出一个个文件夹，获得了很好的直观效果。

7.11 贴近场景的显示切换

贴近场景的显示切换即根据不同的场景进行相应的切换，例如当你手机因电量不足而需转入省电模式时，会自动降低屏幕亮度，关闭一些耗电功能。这就体现出这种设置随机应变、贴近场景的特点。

本作品为天气预报应用界面设计。界面根据天气状况的变化，可以改变背景色彩。

- 白色界面以多云图标作为主体，展现出风向、风速、气温等数据，使人一目了然。
- 雷雨天气将背景色彩变为黑色，版式不变，可使两个界面的风格与版式保持统一。

本作品为天气预报的应用界面，分为夜间模式和日间模式。

- 界面简洁干净，可以凸显出温度信息，同时下方的弧形圆盘也是温度的显示，给人一种更加直观的视觉感受。
- 夜间模式有助于保护用户的眼睛。

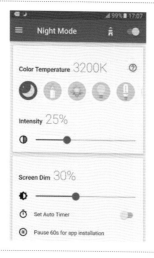

本作品为健康类保护眼睛的应用界面设计。调整屏幕的自然光可以减少蓝光对眼睛的伤害。

- 将屏幕显示转换为夜间模式可以减轻人的眼睛疲劳，并且在夜间阅读时人的眼睛会感到轻松。
- 方便的按钮和自动计时器可帮助使用者在一秒钟内打开并关闭该应用。

7.12 欢迎界面的设计

　　欢迎界面的设计，应让用户操作简单快捷，以增强用户的体验感。这样不仅可以提高用户对该程序的感知度，同时也可以美化程序载入、等待程序响应，不会使用户因等待而离开。

本作品为游戏登录界面设计。

● 界面采用中轴型的版式布局方式，将用户名、密码与进入游戏按钮放在画面中央位置，给人一种一目了然的感觉。

● 黄色与浅米色搭配，给人一种温暖、明亮的感觉。玫瑰红作为点缀色，色彩饱满，使界面充满热情、时尚的气息。

本作品为户外应用界面设计。

● 通过图片中帐篷的设计，表明了该应用的特征，同时用户可以制订出行计划。

本作品为邮箱应用的启动界面设计。

● 界面以白色作为背景，突出了界面中的图标与文字，获得了干净、整洁的视觉效果。

● 整个应用具有一定的办公性与严谨性，并需要用户进行登录操作，以保障用户的隐私安全。

7.13 交互方式的设计

　　科学技术的发展也促进了无线通信技术的崛起，智能手机和平板电脑已经成为人们日常生活中的必备品。但是手机与平板电脑还是具有一定差别的，这种差别使设计师在 UI 设计时必须分别设计，以便一个应用可以有多种版本，方便用户进行选择。同时对于不同的手机系统，也需要不同的界面设计。总之，应根据场景的差异、交互方式的差异、屏幕大小的差异等进行相应的设计与改动。

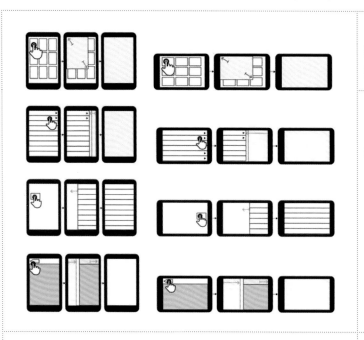

本作品为手机分别在竖屏模式下与横屏模式下的界面设计。

● 移动端设备可以进行屏幕旋转，在屏幕旋转以后，界面也会进行一定的变换。在设计的时候应考虑屏幕旋转以后的界面尺寸。

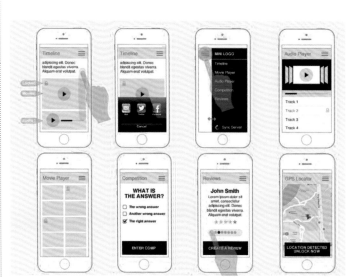

通过手势讲解使用户充分了解该应用的使用。

● 移动端的交互方式主要是通过手指在屏幕上的点击、滑动、旋转等方式进行操作，还可以通过语音、硬件设备等来实现交互。

● 该界面通过半透明的手势图形，进行相应交互功能的介绍，使人们可以更加轻松地使用该应用。

7.14 视觉风格的设计

图形作为一种通用的设计元素，具有广泛的应用。随着人们的追求变得多元化，对图片和视频获取信息的方式更加依赖，借助它们可以表达感情、分享个人喜乐、展现人们的审美等。同时逐渐演化而成的风格，有的正在流行，有的已变为经典。如扁平化、拟物化、极简主义、模糊背景、像素风格等。

本作品为扁平化风格的界面设计。

- 适当应用渐变、阴影、纹理等效果，利用极简的元素、纯色的色彩搭配等，提高了用户的理解性，使整个界面非常简洁、清晰。

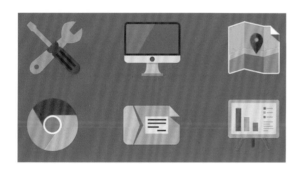

本作品为拟物化风格的界面设计。

- 拟物化风格设计仿照日常生活中的物品造型进行简化，该风格具有简单、易识别的特点，人们根据生活中的常识就可以轻松辨识。
- 拟物化的物品是具有人性化的设计元素，例如在阅读软件中，可以使人们感受到翻书的效果。

本作品为模糊背景风格的界面设计。

- 该界面中背景城市的一部分采用了模糊风格，既体现出城市的繁华，也可以突出应用上的功能。
- 模糊背景越来越受到人们的青睐，这种风格来源于摄影，当焦点确定在一个物体时，其他的景象会变得模糊。这种风格可以营造氛围，突出重点内容。